普通高等教育规划教材

环境监测实验

（第二版）

主　编：张君枝　寇莹莹　张晓然　李海燕

中国环境出版集团·北京

图书在版编目（CIP）数据

环境监测实验/张君枝等主编. —2 版. —北京：中国环境出版集团，2023.7（2024.10 重印）

普通高等教育规划教材

ISBN 978-7-5111-5475-0

Ⅰ. ①环… Ⅱ. ①张… Ⅲ. ①环境监测—实验—高等学校—教材 Ⅳ. ①X83-33

中国国家版本馆 CIP 数据核字（2023）第 041324 号

责任编辑 侯华华
封面设计 宋　瑞

出版发行 中国环境出版集团
（100062　北京市东城区广渠门内大街 16 号）
网　　址：http://www.cesp.com.cn
电子邮箱：bjgl@cesp.com.cn
联系电话：010-67112765（编辑管理部）
010-67112735（第一分社）
发行热线：010-67125803，010-67113405（传真）
印　　刷 玖龙（天津）印刷有限公司
经　　销 各地新华书店
版　　次 2016 年 8 月第 1 版　2023 年 7 月第 2 版
印　　次 2024 年 10 月第 2 次印刷
开　　本 787×960　1/16
印　　张 14
字　　数 252 千字
定　　价 41.00 元

编 委 会

主　编：张君枝（北京建筑大学）

寇莹莹（北京建筑大学）

张晓然（北京建筑大学）

李海燕（北京建筑大学）

副主编：王　鹏（北京建筑大学）

杨　华（北京建筑大学）

张艳娜（中国石油勘探开发研究院）

张子健（国家电网冀北电力有限公司）

前　言

环境监测是生态环境保护的基础和重要支撑。随着生态文明建设的发展，环境监测的作用日益突出。2021 年 11 月，《中共中央　国务院关于深入打好污染防治攻坚战的意见》明确提出，要建立健全生态环境监测网络，提升国家、区域流域海域和地方生态环境监测基础能力，补齐监测短板。为了满足国家生态环境监测工作的要求，需要培养一批具有高素质、高技能的环境监测人才。本书实用性、针对性较强，既可作为普通高等教育院校环境类专业环境监测实验及相关课程的教材，也可作为环境监测工作人员或者普通高等教育院校教师的参考资料。

本书第一版由北京建筑大学张君枝、王鹏、杨华、寇莹莹担任主编，并由牟冬艳（大庆炼化公司质量检验与环保检测中心）、张艳娜、张子健担任副主编。本书第二版修订了第一版中的错误之处，并补充和完善了部分实验项目。张君枝对全书进行了整体设计，修订了第一版教材中的遗漏、错误之处，编写了部分综合实验项目；寇莹莹完善了水、土壤、空气监测部分的其他监测项目；张晓然、李海燕编写了部分综合实验项目。全书设计了环境监测实验基本知识、水和废水监测、土壤与固体废物监测、环境空气质量监测、噪声监测、室内空气监测等方面共几十个实验项目，内容包含监测方案的制定，样品的采集、运输和保存技术，样品的前处理技术、分析测试技术，原始数据记录、监测结果计算、监测报告撰写和监测结果的评价等内容；本书增加了生态环境监测的综合监测实验，包含遥感技术、流域监测等方面的内容，以适应国家生态环境发展战略。

本书注重环境监测的新技术和仪器方面的使用，以实用性为出发点，强化学生的专业技能，使其能够更好地满足环境监测相关部门的就业要求。本书在编写过程中参考并引用了大量文献资料，同时邀请行业相关专家对书稿内容进行了指导。在此，对参考文献的原作者和对本书提出宝贵意见和建议的专家表示衷心的感谢。

由于编者水平有限，书中难免出现错误和纰漏，敬请读者批评指正。

（课件与实验表格申请邮箱：zhangjunzhi@bucea.edu.cn）

编 者

2022 年 10 月

目 录

第1章　绪　论

1.1　环境监测实验的目的

环境监测实验是环境监测课程教学的重要组成部分，是环境科学、环境工程相关专业的技能实践课，是高等理工科院校本科环境科学与环境工程专业的核心必修课。环境监测实验课程的任务是加深学生对环境监测课程中基本原理、基本方法的理解，强化学生的环境监测技能，培养学生环境监测的实践能力，为学生今后从事环境监测工作和其他相关工作打下坚实的基础。

环境监测实验课程的教学目的是通过环境监测实验和实习，提高学生的实践动手能力，掌握监测方案的制定、监测布点、采样、分析测试等实际操作技能以及监测数据处理与实验报告的编写方法等，具体包括以下几方面：①通过环境监测实验，培养学生独立思考问题、分析问题和解决问题的工作能力，以及团队分工协作与沟通能力；②掌握环境监测基本原理和基本方法，提高环境监测基本操作技能，培养学生实际工作能力；③深刻了解环境监测实训室的建立、常规工作和环境监测工作的一般程序，使学生建立对环境监测工作的感性认识；④培养学生良好的职业道德和爱岗敬业的思想品质，树立严谨的工作作风、实事求是的工作态度和创新意识。

1.2　环境监测实验的内容

环境监测实验的主要内容为水和废水监测、土壤和固体废物监测、环境空气质量监测、室内空气监测、噪声监测等。另外，在实验中既要注重监测分析基本技能的训练和提高，也要注重环境监测新技术的应用。

1.2.1 污水（中水）采样及常规指标监测

1.2.1.1 基本要求

①了解综合水样、瞬时水样、平均水样及综合污水样的概念和具体采集方法，并在学校的中水处理站采集样品，现场监测水样的pH、溶解氧，并进行样品保存、运输。

②掌握污水（中水）样品采集、保存和运输的方法。

③掌握污水（中水）常规指标测定前的样品预处理方法。

④掌握污水（中水）常规指标的测定方法。

⑤掌握污水（中水）样品采集及常规指标监测实验报告的撰写。

1.2.1.2 主要内容

①污水监测的技术规范。

②采集学校污水采样点水样，样品保存和运输。

③稀释接种法及仪器法快速测定污水样品的BOD_5。

④撰写学校污水样品采集及常规指标监测实验报告。

1.2.1.3 操作要点

①污水样的采集方法，不同指标水样的现场处理方法、保存方法及保存时限。

②水样测定时稀释倍数的确定。

③稀释接种法测定BOD_5时稀释接种步骤的操作。

1.2.2 地表水水质监测

1.2.2.1 基本要求

①了解不同类型地表水采样的注意事项，特别是采样深度。

②掌握现场采集地表水的方法，进行采样点定位，记录水温、溶解氧、pH、电导率等水质指标；针对不同指标，掌握水样的现场处理方法、样品保存和运输的方法、样品保存时限。

③掌握测定高锰酸盐指数、硝态氮等指标的水样前处理方法。

④掌握高锰酸盐指数、硝态氮的具体测定方法。

⑤掌握地表水水质监测实验报告的撰写。

1.2.2.2 主要内容

①地表水监测的技术规范，水样的采集、前处理、保存和运输。

②地表水高锰酸盐指数的测定。

③紫外可见分光光度法测定地表水硝态氮。

④撰写地表水水质监测实验报告。

1.2.2.3 操作要点

①水样的采集、前处理、保存、运输，水样的保存时限。

②实际水样测定时样品的预处理。

③样品测定时稀释倍数的确定。

1.2.3 校园空气质量监测

1.2.3.1 基本要求

①掌握校园空气质量监测的布点原则和注意事项。

②掌握颗粒物、PM_{10}、$PM_{2.5}$、SO_2、NO_x 的采样方法，样品的保存和运输方法，测定时限。

③掌握颗粒物、SO_2、NO_x 的测定方法。

④掌握校园空气质量监测实验报告的撰写。

1.2.3.2 主要内容

①校园空气颗粒物、SO_2、NO_x 的采样。

②校园空气颗粒物、SO_2、NO_x 的监测和数据处理。

③重量法测定颗粒物、甲醛溶液吸收—盐酸副玫瑰苯胺分光光度法测定 SO_2、盐酸萘乙二胺分光光度法测定 NO_x。

④撰写校园空气质量监测实验报告。

1.2.3.3 操作要点

①校园空气质量监测的布点。
②气体的测定频率和读取数据的数量。

1.2.4 室内空气质量监测

1.2.4.1 基本要求

①掌握室内空气质量的布点原则和注意事项。
②掌握甲醛、苯系物、挥发性有机物的采样方法、测定时限。
③掌握甲醛、苯系物、挥发性有机物的测定方法。
④掌握室内空气质量的监测方法和数据的处理过程。
⑤掌握室内空气质量监测实验报告的撰写。

1.2.4.2 主要内容

①室内空气中的甲醛、苯系物、挥发性有机物的采样。
②室内空气质量的监测和数据处理。
③采用分光光度法测定室内空气中的甲醛、苯系物、挥发性有机物。
④撰写室内空气质量监测实验报告。

1.2.4.3 操作要点

①室内空气质量监测的布点。
②气体样品的采集和测定。

1.2.5 土壤及固体废物的监测

1.2.5.1 基本要求

①了解土壤和固体废物的基本采样方法。
②掌握土壤和固体废物样品的保存和前处理方法。
③掌握土壤样品的消解方法。
④掌握土壤中重金属、固体废物热值的测定方法。

1.2.5.2 主要内容

①土壤环境监测的技术规范。

②土壤和固体废物的实际采集、保存和前处理。

③土壤样品的浸提、消解，以及土壤中重金属的原子吸收法测定。

④固体废物热值的测定。

⑤撰写土壤和固体废物监测实验报告。

1.2.5.3 操作要点

①土壤和固体废物样品的采集和前处理。

②土壤样品的消解。

③原子吸收仪器和固体废物热值仪器的操作过程。

1.3 环境监测实验的要求

1.3.1 实验内容要求

①以实验模块为基础，制定环境监测方案，内容包括监测区（点）现场调查和相关基础资料的收集、采样点的优化布设、监测项目的确定、采样时间和频率的确定、样品的运输及保存方式、分析测试方法等。

②熟练掌握各项常规监测项目的采样、现场测试、样品的制备和保存、实验室分析、各种记录表格的填写、数据处理和结果报表等基本技能，掌握环境监测的全过程工作程序。

③了解常规监测仪器的基本结构、基本原理及基本维护方法，能正确使用监测工作中常用的仪器设备。

④在实验过程中，要认真进行各项技能训练，掌握环境监测技术的细节和要领。

⑤了解、建立、健全环境监测实验室的有关业务常识，掌握实验室安全及个人防护知识。

1.3.2 实验地点要求

环境监测实验一般在校内完成，既有室内实验项目，也有室外实验项目，有条件的也可到校外实验基地（如各级环境监测站、大型工矿企业的分析测试中心等）进行综合实验。

1.3.3 实验组织及安排

①以实验班级为单位配备 3～4 名实验指导教师，负责学生实验的组织和实施。

②将学生分为若干实验小组，每组 3～4 人，设组长 1 人，组长负责组织和协调本组实验的各项工作。

③各学校在安排实验时可以将部分单项实验内容安排在环境监测课程教学过程中，部分单项实验和综合实验安排在环境监测实验周进行。具体安排可根据各学校教学计划确定。

1.3.4 实验记录和安全要求

①学生要自觉遵守学校的学生守则、各项规章制度。

②自觉遵守实验室各项规章制度，注意防火、防爆等安全事项。

③应严格按照仪器设备的操作规程正确操作并使用，实验中出现仪器故障，必须及时向指导教师汇报，不可随意自行处理。

④实验应在规定时间、地点进行，不得擅自变更时间、地点。

⑤室外作业时要注意人身安全。

1.3.5 实验成果要求

①实验结束后，要按时提交实验报告。

②需要有指导老师当天的签字。

1.4 环境监测实验课程的考核

本课程的考核主要通过撰写实验报告来进行，实验报告的内容包括实验预习、课堂表现、数据记录及处理、思考题、考核及环境监测方案的制定6个部分。

①实验预习是课前对实验原理、步骤的预习与撰写实验报告的实验原理、实验步骤等内容。

②课堂表现具体考查学生操作是否规范、是否熟练，能否相对独立地完成实验内容。

③数据记录及处理考查学生对实验结果的记录、分析、整理及总结表达是否严谨、规范，标准比对及评价。

④思考题考查学生对实验过程的理解与思考。

⑤考核包含实验原理、现象等的知识问答及实验操作，考核内容包括以下 2 个方面。

- 口试：将课程涉及的监测实验项目的原理、步骤、实验现象、计算方法等主要知识整理为题库，每位同学随机抽取5道题进行口述回答，并将答案要点作简要记录，附在实验报告的考核部分。
- 实验操作：水样（污水、雨水、中水、地表水等）常规指标的测定。该部分内容根据指导教师的人数分组同时进行，每位同学均需要独立进行测定操作，考核结束后将未知样品的测定结果附在实验报告的考核部分。

⑥环境监测方案的制定，即制定环境样品（土壤、植物、空气、水等）中重金属及有机物等的环境监测方案，内容包含背景资料、布点采样、测试分析、质量保证、标准比对及评价等全过程。环境监测方案制定考查学生对本课程的总体掌握情况，内容附在实验报告的最后。

第2章 环境监测实验基本知识

2.1 环境监测实验常用溶液浓度的表示方法

一定量的溶液中所含溶质的量叫作溶液的浓度，常用的分析溶液的浓度有以下几种表示方法。

①体积比浓度，即1体积浓溶液与 x 体积水混合所制成的溶液的浓度，用符号（1∶x）表示。例如1∶2盐酸，表示溶液由1体积浓盐酸与2体积水混合而成。

②体积百分比浓度，即100 mL溶液中所含溶质的毫升数，用符号（V/V_1）%表示。例如5%的盐酸，表示由5 mL浓盐酸用水稀释至100 mL。

③质量体积百分比浓度，即100 mL溶液中所含溶质的克数，常用（W/V）%表示。例如1%的硝酸银溶液，是指称取1 g硝酸银溶于适量水中，再以水稀释至100 mL。

④质量百分比浓度，即100 g溶液中所含溶质的克数，用（W/W_1）%表示。市售的酸、碱浓度常用此法表示，例如37.0%的盐酸溶液即100 g溶液中含37 g纯盐酸和63 g水。

⑤摩尔浓度，为1 L溶液中所含溶质的摩尔数，用 M 表示。

$$M=\frac{\text{溶质摩尔数}}{\text{溶液体积}}=\frac{\text{溶质质量}/\text{溶质摩尔质量}}{\text{溶液体积}}$$

⑥滴定度，即1 mL标准溶液相当于被测物质的克数，常用 $T_{M1/M2}$ 表示。例如 $T_{CaO/EDTA}=0.560\,3$ mg/mL，表示每毫升EDTA标准溶液相当于0.560 3 mg CaO。

⑦比重（d），是单位体积内物质的质量与单位体积内标准物质的质量之比，也就是物质的密度与标准物质的密度之比。用比重表示浓度的主要是酸、氨水等液体试剂。

⑧质量体积浓度，是指单位体积溶液中所含溶质的质量，常用（W/V）表示。

经常用 mg/mL、μg/mL 表示，或用 ppm、ppb（ppm 称为百万分率，1 ppm 就是百万分之一或 1 μg/mL；ppb 称为十亿分率，1 ppb 就是十亿分之一或 1 ng/mL）表示。

2.2　滴定法及基本操作步骤

滴定法是将一种已知准确浓度的标准溶液滴加到待测溶液中，直到化学反应完全为止（滴定终点），根据标准溶液的浓度和体积求出未知溶液中某种组分含量的一种方法。

分析化学中有四大滴定，即氧化还原滴定、络合滴定、酸碱滴定和沉淀滴定。

四大滴定主要根据反应的类型以及是否便于测定来区分。例如，氧化还原滴定主要用于氧化还原反应，沉淀滴定主要用于产生沉淀的反应，酸碱滴定主要用于酸性物质与碱性物质的反应，而络合滴定则主要用于络合反应。

2.2.1　氧化还原滴定

氧化还原滴定是以氧化还原反应为基础的容量分析方法。它以氧化剂或还原剂为滴定剂，直接滴定一些具有还原性或氧化性的物质；或者间接滴定一些本身并没有氧化还原性但能与某些氧化剂或还原剂起反应的物质。

2.2.1.1　水样采集和溶解氧的固定

①采样地点：校园人工湖。

②取水面下 20～50 cm 深处的人工湖湖水，采集水样时，先用水样冲洗溶解氧瓶，沿瓶壁直接注入水样或用虹吸法将细管插入溶解氧瓶底部，注入水样至溢流出瓶容积的 1/3～1/2。注意不要使水样曝气或有气泡残存在溶解氧瓶中。

③在湖岸边取下溶解氧瓶瓶塞，用移液管吸取硫酸锰溶液 1 mL 插入瓶内液面下，缓慢放出溶液。取另一支移液管，按上述操作往水样中加入 2 mL 碱性碘化钾溶液，盖紧瓶塞，不留气泡，将瓶颠倒振摇使之充分摇匀。此时，水样中的氧被固定生成锰酸锰（$MnMnO_3$）棕色沉淀。

④取两个平行样品，将溶解氧已固定的水样带回实验室备用。

2.2.1.2　$Na_2S_2O_3$ 溶液的标定

在 250 mL 碘量瓶中，加入 100 mL 水和 1 g KI，再加入 10.00 mL 0.025 0 mol/L 重铬酸钾（1/6 $K_2Cr_2O_7$）标准溶液和 5 mL（1∶5）硫酸溶液，盖好瓶塞，摇匀。于暗处静置 5 min 后，用待标定的 $Na_2S_2O_3$ 溶液滴定至溶液呈淡黄色后，加入 1 mL 淀粉溶液，继续滴定至蓝色恰好褪去为止，记录 $Na_2S_2O_3$ 溶液的用量。

$$c = \frac{10.00 \times 0.025\,0}{V}$$

式中，c —— $Na_2S_2O_3$ 溶液的浓度，mol/L；

V —— 滴定时消耗 $Na_2S_2O_3$ 溶液的体积，mL。

2.2.1.3　样品测定

轻轻打开溶解氧瓶瓶塞，取出 2.0 mL 上清液，加入 2.0 mL 浓硫酸，小心盖好瓶塞，颠倒混合摇晃至沉淀物全部溶解。然后在暗处放置 5 min 使产生的 I_2 全部析出。用移液管从溶解氧瓶中移取 100 mL 上述溶液，注入 250 mL 锥形瓶，用已标定的 $Na_2S_2O_3$ 溶液滴定至溶液呈微黄色，加入 1 mL 淀粉溶液，继续滴定至蓝色恰好褪去为止，记录 $Na_2S_2O_3$ 溶液的用量。

2.2.2　络合滴定

络合滴定是以络合反应（形成配合物）为基础的滴定分析方法，又称配位滴定。络合反应被广泛应用于分析化学的各种分离与测定，许多显色剂、萃取剂、沉淀剂、掩蔽剂等都是络合剂。

2.2.2.1　总硬度的测定与原理

测定条件：以 NH_3-NH_4Cl（NH_4Cl 溶于 NH_3 水中）缓冲溶液控制溶液 pH 为 10，以铬黑 T 为指示剂，用 EDTA 滴定水样。

原理：滴定前水样中的钙离子和镁离子与加入的铬黑 T 指示剂络合，溶液呈现酒红色，随着 EDTA 的滴入，配合物中的金属离子逐渐被 EDTA 夺出，释放出指示剂，使溶液颜色逐渐变蓝，至纯蓝色为终点，由滴定所用的 EDTA 的体积即可换算出水样的总硬度。

测定方法：用 100 mL 吸管移取 3 份水样，分别加 5 mL NH_3-NH_4Cl 缓冲溶液、

2～3 滴铬黑 T 指示剂，用 EDTA 标准溶液滴定，溶液由酒红色变为纯蓝色即为终点。

2.2.2.2　钙硬度的测定与原理

测定条件：用 NaOH 溶液调节待测水样的 pH 为 13，并加入钙指示剂，然后用 EDTA 滴定。

原理：调节溶液呈强碱性以掩蔽镁离子，使镁离子生成氢氧化物沉淀，然后加入指示剂，用 EDTA 滴定其中的钙离子，溶液由酒红色变为纯蓝色即为终点，由滴定所用的 EDTA 的体积即可算出水样中钙离子的含量，从而求出钙硬度。

测定方法：用 100 mL 吸管移取 3 份水样，分别加 2 mL 6 mol/L NaOH 溶液、5～6 滴钙指示剂，用 EDTA 标准溶液滴定，溶液由酒红色变为纯蓝色即为终点。

思考题

（1）络合滴定中为什么要加入缓冲溶液？

（2）络合滴定法与酸碱滴定法相比，有哪些不同点？操作中应注意哪些问题？

2.2.3　酸碱滴定

酸碱滴定是以酸、碱之间质子传递反应为基础的一种滴定分析法，可用于测定酸、碱和两性物质，其基本反应为

$$H^+ + OH^- \longrightarrow H_2O$$

酸碱滴定也称中和法，是一种利用酸碱反应进行容量分析的方法。用酸作滴定剂可以测定碱，用碱作滴定剂可以测定酸，这是一种用途极为广泛的分析方法。

盐酸溶液和氢氧化钠溶液的滴定属于强酸强碱的滴定，pH 突跃范围为 4～10，可选甲基橙（变色范围是 pH 为 3.1～4.4）、甲基红（变色范围是 pH 为 4.4～6.2）、酚酞（变色范围是 pH 为 8.2～10.0）作为指示剂。

2.2.3.1 酸碱溶液的配制

① 0.1 mol/L HCl 溶液：用 5 mL 量筒量取浓盐酸约 4.5 mL，倒入 500 mL 试剂瓶中，加纯水约 495 mL，盖好玻璃塞，摇匀。

② 0.1 mol/L NaOH 溶液：称取 2 g 固体 NaOH 于 1 000 mL 烧杯中，立即加入 500 mL 纯水使之溶解，冷却后，转入 800 mL 试剂瓶中，用橡皮塞盖好瓶口，摇匀。

2.2.3.2 酸碱溶液的相互滴定

①用 0.1 mol/L NaOH 溶液润洗碱式滴定管 2～3 次，每次使用 NaOH 溶液 5～10 mL，然后将 NaOH 溶液装入碱式滴定管中，调节液面至 0 mL 刻度处。

②用 0.1 mol/L HCl 溶液润洗酸式滴定管 2～3 次，每次使用 HCl 溶液 5～10 mL，然后将 HCl 溶液装入酸式滴定管中，调节液面至 0 mL 刻度处。

③从碱式滴定管中放出 NaOH 溶液 20.00 mL 于 250 mL 锥形瓶中，加入 1 滴甲基橙指示剂，用 0.1 mol/L HCl 溶液滴定，直到加入 1 滴或半滴 0.1 mol/L HCl 溶液后，溶液由黄色刚好变为橙色；由碱式滴定管中滴入几滴 NaOH 溶液，溶液又由橙色变为黄色；再由酸式滴定管滴入几滴 HCl 溶液，溶液又由黄色变成橙色。如此反复练习滴定操作并观察终点颜色的变化，直到操作熟练。

④从碱式滴定管中放出 NaOH 溶液 25.00 mL 于 250 mL 锥形瓶中，加入 1 滴甲基橙指示剂，用 0.1 mol/L HCl 溶液滴定至黄色刚转变为橙色。平行滴定 3 份，数据记录在表 2-1 中，要求 3 次滴定所消耗的盐酸体积之差不超过± 0.04 mL。计算盐酸和氢氧化钠溶液的体积比。

⑤用移液管移取 25.00 mL 0.1 mol/L HCl 溶液于 250 mL 锥形瓶中，加入 2 滴酚酞指示剂，用 0.1 mol/L NaOH 溶液滴定至微红色，红色保持 30 s 不褪为终点。平行滴定 3 份，数据记录在表 2-2 中，要求 3 次滴定所消耗的氢氧化钠体积之差不超过±0.04 mL。计算 3 次滴定的相对标准偏差。

2.2.3.3 实验数据处理与记录

实验数据记录在表 2-1 和表 2-2 中。

表 2-1　HCl 溶液滴定 NaOH 溶液（甲基橙指示剂）

滴定次序	V_{NaOH}/mL	V_{HCl}/mL	V_{HCl}/V_{NaOH}	$\overline{V}_{HCl}/\overline{V}_{NaOH}$	相对偏差	相对平均偏差
1						
2						
3						

注：V_{NaOH} —— NaOH 的体积，mL；

V_{HCl} —— HCl 的体积，mL；

$\overline{V}_{NaOH}$ —— 3 次滴定消耗 NaOH 的体积的平均值，mL；

$\overline{V}_{HCl}$ —— 3 次滴定消耗 HCl 的体积的平均值，mL。

表 2-2　NaOH 溶液滴定 HCl 溶液（酚酞指示剂）

滴定次序	V_{HCl}/mL	V_{NaOH}/mL	$\overline{V}_{NaOH}$	V_{NaOH} 的最大绝对值差值/mL
1				
2				
3				

思考题

（1）在滴定分析中，滴定管和移液管要用操作溶液润洗几次？滴定中所用的锥形瓶也要用操作溶液润洗吗？

（2）为什么用 HCl 溶液滴定 NaOH 溶液时选择甲基橙作为指示剂，而用 NaOH 溶液滴定 HCl 溶液时选用酚酞作为指示剂？

（3）配制的标准溶液过浓或过稀对滴定结果有什么影响？

（4）在实验中，用酚酞作指示剂时，为什么要求 NaOH 溶液滴定至溶液呈微红色，且 30 s 不褪色即为终点？

2.2.3.4　注意事项

①滴定时，最好每次都从 0 mL 开始。

②滴定时，左手不能离开旋塞，不能任溶液自流。

③摇动锥形瓶时，应转动腕关节，使溶液向同一方向旋转（左旋、右旋均可）。不能前后振动，以免溶液溅出。摇动还要有一定的速度，一定要使溶液旋转出现一个漩涡，不能摇得太慢，以免影响化学反应的进行。

④滴定时，要注意观察滴落点周围的颜色变化，不要去看滴定管上的刻度变化。

⑤滴定速度控制需注意以下 3 个方面：

• 连续滴加：开始可稍快，呈“见滴成线”，这时滴加速度约为 10 mL/min，即每秒 3～4 滴。注意不能滴成“水线”，这样滴定速度太快。

• 间隔滴加：接近终点时，应改为一滴一滴地加入，即加一滴摇几下，再加再摇。

• 半滴滴加：最后是每加半滴，摇几下锥形瓶，直至溶液出现明显的颜色，使一滴悬而不落，沿器壁流入瓶内，并用蒸馏水冲洗瓶颈内壁，再充分摇匀。

⑥半滴的控制和吹洗：用酸管时，可轻轻转动旋塞，使溶液悬挂在出口管嘴上，形成半滴，用锥形瓶内壁将其沾落，再用洗瓶吹洗。对于碱管，加上半滴溶液时，应先松开拇指和食指，将悬挂的半滴溶液沾在锥形瓶内壁上，再放开无名指和小指，这样可避免出口管尖出现气泡。滴入半滴溶液时，也可采用倾斜锥形瓶的方法，将附于壁上的溶液涮至瓶中，这样可以避免吹洗次数太多，造成被滴物过度稀释。

2.2.4 沉淀滴定

沉淀滴定是利用沉淀反应进行容量分析的方法。生成沉淀的反应很多，但符合容量分析条件的却很少，实际中应用最多的是银量法。

2.2.4.1 原理

以硝酸银溶液为滴定液，测定能与 Ag^+生成沉淀的物质，根据消耗滴定液的浓度和体积，可计算出被测物质的含量。反应式如下所示：

$$Ag^+ + X^- \longrightarrow AgX\downarrow$$

式中，X^-表示 Cl^-、Br^-、I^-、CN^-、SCN^-等离子。

下面以指示终点法（铬酸钾指示剂法）为例介绍沉淀滴定法。

用 $AgNO_3$ 滴定液滴定氯化物、溴化物时，通常采用铬酸钾作指示剂的滴定方法。滴定反应为：

终点前：$Ag^{+} + Cl^{-} \longrightarrow AgCl \downarrow$

终点时：$2Ag^{+} + CrO_4^{2-} \longrightarrow Ag_2CrO_4 \downarrow$（砖红色）

根据分步沉淀的原理，溶度积（K_{sp}）小的先沉淀，溶度积大的后沉淀。由于 AgCl 的溶解度小于 Ag_2CrO_4 的溶解度，当 Ag^+进入 Cl^-浓度较大的溶液中时，将首先生成 AgCl 沉淀，而 $[Ag^+]^2[CrO_4^{2-}] < K_{sp}$，$Ag_2CrO_4$ 不能形成沉淀；随着滴定的进行，Cl^-浓度不断降低，Ag^+浓度不断增大，在等当点后发生突变，$[Ag^+]^2[CrO_4^{2-}] > K_{sp}$，于是出现砖红色沉淀，指示滴定终点的到达。

2.2.4.2　滴定条件

①终点到达的迟早与溶液中指示剂的浓度有关。为使终点恰好与等当点一致，必须控制溶液中 CrO_4^{2-}的浓度。因此，每 50～100 mL 滴定溶液中需加入 1 mL 5%（W/V）K_2CrO_4 溶液。

②用 K_2CrO_4 作指示剂时，滴定不能在酸性溶液中进行，因为 K_2CrO_4 是弱酸盐，在酸性溶液中 CrO_4^{2-}按下列反应与 H^+离子结合，使 CrO_4^{2-}浓度降低过多，在等当点不能形成 Ag_2CrO_4 沉淀。

$$2CrO_4^{2-} + 2H^+ \rightleftharpoons 2HCrO_4^- \rightleftharpoons Cr_2O_7^{2-} + H_2O$$

滴定也不能在碱性溶液中进行，因为 Ag^+将形成 Ag_2O 沉淀，反应如下：

$$Ag^+ + OH^- \longrightarrow AgOH$$

$$2AgOH \longrightarrow Ag_2O \downarrow + H_2O$$

因此，用 K_2CrO_4 作指示剂时，滴定只能在近中性或弱碱性（pH 为 6.5～10.5）溶液中进行。如果溶液的酸性较强，可用稀 NaOH 溶液将其调至中性，或改用硫酸铁铵作指示剂。

此外，滴定不能在氨溶液中进行，因 AgCl 和 Ag_2CrO_4 皆可生成 $[Ag(NH_3)_2]^+$ 而溶解。

2.2.4.3　实验仪器及试剂

仪器：酸式滴定管（25 mL）、容量瓶（100 mL）、锥形瓶（150 mL）。

试剂：铬酸钾溶液［5%（W/V）］、稀 NaOH 溶液、$AgNO_3$ 标准溶液（0.1 mol/L）、酚酞指示剂溶液。

2.2.4.4 实验步骤

试样溶液的制备：取 2.0 mL 试样于 100 mL 容量瓶中，加蒸馏水定容至刻度。

分析步骤：吸取 25 mL 上述试样溶液于锥形瓶中，加入 2 滴酚酞指示剂溶液，用稀 NaOH 溶液调至中性（溶液呈粉红色），加入 1 mL 铬酸钾溶液，用 $AgNO_3$ 溶液滴定至出现砖红色沉淀，记录消耗 $AgNO_3$ 溶液的体积，做 3 次平行实验。

2.2.4.5 计算公式

$$X=\frac{c\times(V_1-V_0)\times 0.058\,44}{V\times\frac{25}{100}}\times 100$$

式中，X —— 每 100 mL 试样中 NaCl 的含量，g；

c —— $AgNO_3$ 标准溶液的浓度，mol/L；

V —— 所吸取的试样的体积，mL，在本实验中 V=2.0 mL；

V_0 —— 空白试样（蒸馏水）所消耗的 $AgNO_3$ 标准溶液的体积，mL；

V_1 —— 试样滴定所消耗的 $AgNO_3$ 标准溶液的体积，mL；

25 —— 每次滴定所取的试样溶液的体积，mL；

100 ——试样溶液的总体积，mL；

0.058 44 —— 每 1.0 mL $AgNO_3$ 标准溶液（0.1 mol/L）相当于 0.058 44 g NaCl。

2.2.4.6 注意事项

同一分析者，同一试样，同时或者相继两次测定结果，相对误差不大于 2%。

2.3 分光光度法的原理及校正

分光光度法是通过测定被测物质在特定波长处或一定波长范围内光的吸收度，对该物质进行定性和定量分析的方法。

在分光光度计中，将不同波长的光连续照射到一定浓度的样品时，便可得到与波长相对应的吸收强度。如以波长（λ）为横坐标，以吸收强度（A）为纵坐标，可以绘出该物质的吸收光谱曲线。利用该曲线进行物质定性、定量的分析方法，称为分光光度法。用紫外光源测定无色物质的方法，称为紫外分光光度法；用可见光光源测定有色物质的方法，称为可见光分光光度法。它们与比色法一样，都以朗伯-比尔定律为基础。分光光度法的应用光区包括紫外光区、可见光区及红外光区。

当一束强度为 I_0 的单色光垂直照射某溶液后，由于一部分光被溶液吸收，因此透射光的强度降至 I，则溶液的透光率（T）为 I/I_0。

根据朗伯-比尔定律：

$$A = Kbc$$

式中，A —— 吸光度；

b —— 溶液厚度，cm；

c —— 溶液浓度，g/L；

K —— 吸光系数，L/（g·cm）。

其中吸光系数（K）与溶液的本性、温度以及波长等因素有关。溶液中其他组分（如溶剂等）对光的吸收可用空白液扣除。

由上式可知，当溶液厚度（b）和吸光系数一定时，吸光度与溶液的浓度呈线性关系。在定量分析时，首先需要测定溶液对不同波长光的吸收情况（吸收光谱），从而确定最大吸收波长，然后以此波长的光作为光源，测定一系列已知浓度溶液的吸光度，作出 A—c 工作曲线。在分析未知溶液时，根据测量的吸光度，查工作曲线即可确定相应的浓度。这便是分光光度法测定溶液浓度的基本原理。

2.4　实验用水的制备及要求

环境监测实验室用于实验和监测的水，都必须先经过净化。分析要求不同，对水质纯度的要求也不同。故应该根据不同的要求，采用不同的净化方法制得纯水。

分析化学实验室用的纯水一般有蒸馏水、二次蒸馏水、去离子水、无二氧化碳蒸馏水、无氨蒸馏水、超纯水等。

2.4.1　分析化学实验室用水的级别

根据《分析实验室用水规格和试验方法》（GB/T 6682—2008）的规定，分析化学实验室用水分为三个级别：一级水、二级水和三级水。

一级水用于有严格要求的分析实验，包括对颗粒有要求的实验，如高效液相色谱用水。一级水可用二级水经过石英设备蒸馏或离子交换联合处理后，再经0.2 μm微孔滤膜过滤来制取。

二级水用于无机痕量分析等实验，如原子吸收光谱用水。二级水可用多次蒸馏、离子交换等制得。

三级水用于一般的化学分析实验。三级水可用蒸馏或离子交换的方法制得。

实验室使用的蒸馏水，为保持其纯净，蒸馏水瓶要随时加塞，专用的虹吸管内外也应保持干净。蒸馏水周围不要放浓盐酸等易挥发的试剂，以防污染。通常用洗瓶取蒸馏水，取水时要注意，不要取出其塞子和玻管，也不要把蒸馏水瓶上的虹吸管插进洗瓶内。

通常，普通蒸馏水保存在玻璃容器中，去离子水保存在乙烯塑料容器中，用于痕量分析的高纯水（如二次石英亚沸蒸馏水）则需要保存在石英或聚乙烯塑料容器中。

2.4.2 各种纯度水的制备

（1）蒸馏水

将自来水在蒸发装置上加热气化，然后将蒸汽冷凝即可得到蒸馏水。由于杂质离子一般不易挥发，所以蒸馏水中的杂质比自来水少得多，比较纯净，可达到三级水的标准，但其中还是有少量金属离子和二氧化碳等杂质。

（2）二次石英亚沸蒸馏水

为了获得比较纯净的蒸馏水，可以进行重蒸馏，并在预备重蒸馏的蒸馏水中加入适当的试剂以抑制某些杂质的挥发。例如，加入甘露醇能抑制硼的挥发，加入碱性高锰酸钾可破坏有机物并防止二氧化碳蒸出。二次蒸馏水一般可达到二级标准。第二次蒸馏通常采用石英亚沸蒸馏器，其特点是在液面上方加热，使液面始终处于亚沸状态，可使水蒸气带出的杂质减至最低。

（3）去离子水

去离子水是自来水或普通蒸馏水通过离子交换树脂柱后制得的。配制时，一般将水依次通过阳离子交换树脂柱、阴离子交换树脂柱和阴阳离子交换树脂柱。这样得到的水纯度高，质量可达到二级水或一级水标准，但对非电解质及胶体物质无效，同时会有微量的有机物从树脂中溶出，因此，可根据需要将去离子水进行重蒸馏以得到更高纯度的纯水。

（4）超纯水

超纯水中的导电介质几乎完全被去除，其中不离解的胶体物质、气体及有机物也均被去除至很低的浓度。超纯水的电阻率大于 18 MΩ/cm 或接近极限值（18.3 MΩ/cm，25℃）。

2.5　实验常用玻璃仪器的洗涤及校准

2.5.1　玻璃仪器的洗涤

环境监测实验中使用的玻璃仪器必须清洁、干燥，否则会影响实验结果的准确性。

附着在玻璃仪器上的污物一般分为三类：尘土和其他不溶性物质、可溶性物质以及油污、其他有机物质，可根据实验的要求、污物的性质和沾污的程度来选择不同的清洗方法。

（1）自来水刷洗和超声波清洗

这两种方法可用于清洗尘土、一般可溶性物质和其他不溶性物质，很难洗去油污和其他有机物质。

（2）去污粉或合成洗涤剂刷洗

先用自来水将玻璃仪器润湿，然后用试管刷蘸上去污粉或合成洗涤剂，刷洗润湿的器壁，直至玻璃表面的污物除去为止，最后用自来水清洗干净。如果油污和有机物质用此法仍洗不干净，可用热的碱液清洗。

（3）复杂情况的清洗

若用以上常规方法仍清洗不净，可视污物的性质采用适当的方法清洗。如黏附的固体残留物可用钢丝球刮掉；酸性残留物可用 5%～10%的碳酸钠溶液中和洗涤；碱性残留物可用 5%～10%的盐酸溶液洗涤；氧化物可用还原性溶液洗涤，如二氧化锰褐色斑迹可用 1%～5%的草酸溶液洗涤；有机残留物可根据相似相溶原理选择适当的有机溶剂进行清洗。另外，使用过的有机溶剂必须进行回收处理，以免污染环境。

（4）铬酸洗液清洗

在进行精确的定量实验时，对仪器的洁净程度要求很高，所用玻璃仪器的形状也比较特殊，不易刷洗，这时需要用洗液清洗。洗液具有很强的氧化性、酸性，能将仪器清洗干净，但同时对衣服、皮肤、桌面等有较强的腐蚀性，在使用过程中一定要特别小心。

清洗方法：先往玻璃仪器内小心加入少量洗液，然后将仪器倾斜，慢慢转动，使玻璃仪器内壁全部为洗液所润湿。再小心转动玻璃仪器，使洗液在玻璃仪器内壁多流动几次，将洗液倒回原来的容器中，最后用自来水洗去残留的洗液。

使用洗液进行洗涤时应注意：①被清洗的玻璃仪器不宜有水，以免洗液被稀释而失效。②洗液如果呈绿色表明已失效不能使用，需要倒入废液缸内，不可随意倒入下水道。③用洗液洗涤后的玻璃仪器，应先用自来水冲洗，再用蒸馏水或去离子水淋洗 2～3 次。洗净的玻璃仪器倒置时器壁上留有均匀的水膜，水在器壁上会无阻地流动。

2.5.2 玻璃仪器的干燥

实验室使用的玻璃仪器除了要求洗净外，还要求干燥，不附有水膜。玻璃仪器常用的干燥方法有以下 4 种。

（1）晾干

将洗净的玻璃仪器倒置在实验柜内或仪器晾晒架上，让水分自然挥发而干燥，缺点是耗时长，如果是不急用的玻璃仪器可采用此法干燥。

（2）烘干

将洗净的玻璃仪器，尽量倒干水后，放进烘箱内加热烘干，温度控制在 105℃左右（刚用乙醇或丙酮淋洗过的仪器，不能放进烘箱，以免发生爆炸）。玻璃仪器放进烘箱时口应该朝下，并在烘箱的最下层放一瓷盘，用于盛接玻璃仪器滴下的水，以免水滴在电热丝上造成电热丝受损。木塞或橡皮塞不能与仪器一同放在烘箱里干燥，玻璃塞虽然可以同时干燥，但也应该从玻璃仪器上取下，以免烘干后卡住拿不下来。

（3）烤干

烧杯、蒸发皿等可放在石棉网上，用小火烤干。试管用试管夹夹住后，在火焰上来回移动，直至烤干，但试管口必须低于管底，以免水珠倒流到受热部位，引起试管炸裂，待烤到水珠消失后，将管口朝上赶尽水汽。

（4）有机溶剂干燥

加一些易挥发的有机溶剂（常用乙醇和丙酮）于干净的玻璃仪器中，将玻璃仪器淋洗一下，然后将淋洗液倒出，用吹风机按“冷风→热风→冷风”的顺序吹干或直接将玻璃仪器放在气流干燥器中进行干燥。

2.5.3　玻璃仪器的校正

容量瓶、滴定管是滴定分析法使用的主要量器。玻璃容量器皿的容积与其所标出的体积并不完全相符。因此，在准确度要求较高的分析工作中，必须对玻璃容量器皿进行校正。由于玻璃具有热胀冷缩的特性，在不同的温度下玻璃容量器皿的体积也不同。因此，校正玻璃容量器皿时，必须规定一个共同的温度值，这一温度值为标准温度。国际上规定玻璃容量器皿的标准温度为 20℃，即在校正时都将玻璃容量器皿的容积校正到 20℃时的实际容积。

（1）容量瓶的校正

将待校正的容量瓶洗净、干燥，往干净烧杯中加入一定量纯水，将水及容量瓶放于同一房间中，恒温后，记下水温（表 2-3）。先称空量瓶及瓶塞的质量，然后加水至刻度，注意不可有水珠挂在刻度线以上。若挂水珠应使用干燥滤纸条将水珠吸干，塞上瓶塞，再称定质量，减去空瓶质量即为容量瓶中水的质量，最后从表 2-4 中查出水的质量，以此折算出容量瓶的真实容积。

表 2-3　容量瓶自校记录

温度	称量记录/g		水的质量/g	实际容量/mL	校正值/mL	总校正值/mL
	瓶+水	瓶				
1						
2						

表 2-4　玻璃容器中 1 mL 水在空气中用黄铜砝码称得质量

温度/℃	质量/g	温度/℃	质量/g	温度/℃	质量/g	温度/℃	质量/g
10	0.998 39	16	0.997 80	22	0.996 80	28	0.995 44
11	0.998 32	17	0.997 66	23	0.996 60	29	0.995 18
12	0.998 23	18	0.997 51	24	0.996 38	30	0.994 91
13	0.998 14	19	0.997 35	25	0.996 17	31	0.994 68
14	0.998 04	20	0.997 18	26	0.995 93	32	0.994 34
15	0.997 93	21	0.997 00	27	0.995 69	33	0.994 05

（2）滴定管的校正

50.00 mL 滴定管：取 50 mL 干燥具塞锥形瓶，精密称定。将待校正滴定管中的水面调至 0.00 mL 处，从滴定管中放水至锥形瓶中，待液面降至 10.00 mL 刻度上约 5 mm 处时，等待 30 s，然后在 10 s 内将液面正确地调至 10.00 mL，盖上瓶塞，再次精密称定。按表 2-5 所列容量间隔进行分段校正，每次都从滴定管 0.00 mL 标线开始，每支滴定管重复校正一次。

表 2-5 滴定管自校记录

标准分段/mL	称量记录/g		水的质量/g	实际体积/mL	校正值/mL	总校正值/mL
	瓶+水	瓶				
0～10						
0～20						
0～30						
0～40						
0～50						

（3）移液管的校正

将 25.00 mL 移液管洗净，吸取去离子水调节至刻度，放入已称量的容量瓶中，再称量，根据质量计算在此温度下的实际体积。同一支移液管的两次称量差不得超过 20 mg，否则重新校正。

第 3 章　水和废水监测

3.1　水和废水监测方案的制定

3.1.1　实验目的

①对江、河、水库、湖泊、海洋等地表水和地下水中的污染因子进行经常性的监测，以掌握水质现状及其变化趋势。

②对生产、生活等废（污）水排放源排放的废（污）水进行监视性监测，掌握排放量、污染物浓度和排放总量，评价是否符合排放标准，为污染源管理提供依据。

③对水环境污染事故进行应急监测，为分析判断事故原因、危害及制定对策提供依据。

④为相关部门制定水环境保护标准、法规和规划提供有关数据和资料。

⑤为开展水环境质量评价和预测预报及进行环境科学研究提供基础数据和技术手段。

3.1.2　现场调查和资料收集

3.1.2.1　现场调查

在基础资料收集的基础上，还需进行现场实地勘察，充分了解监测范围内的道路、交通、电源等实际情况，为水体监测断面和采样点布设提供科学、实用的依据。

3.1.2.2　资料收集

①水体的水文、气候、地质和地貌资料。

②水体沿岸城市分布、工业布局、污染源及其排污情况、城市给排水情况等。

③水体沿岸的资源现状和水资源的用途；饮用水水源和重点水源保护区分布；水体流域土地功能及近期使用计划等。

④历年水质监测资料。

3.1.3 采样点设置

3.1.3.1 湖（库）监测垂线采样点

①水深<5 m：1 点（水面下 0.5 m 处）。

②水深为 5～10 m：若不分层，2 点（水面下 0.5 m、水底上 0.5 m 处）；若分层，3 点（水面下 0.5 m、1/2 斜温层、水底上 0.5 m 处）。

③水深>10 m：除水面下 0.5 m、水底上 0.5 m 处外，在每一斜温分层 1/2 处设置。

3.1.3.2 工业废水采样点

在车间或车间处理设施的废水排放口设置采样点，监测第一类污染物；在工厂废水总排放口布设采样点，监测第二类污染物；已有废水处理设施的工厂，在处理设施的总排放口布设采样点。如需了解废水处理效果，还要在处理设施进水口设采样点。

3.1.3.3 城市污水采样点

城市污水管网的采样点设在非居民生活排水支管接入城市污水干管的检查井、城市污水干管的不同位置、污水进入水体的排放口；城市污水处理厂应在污水进口和处理后的总排口布设采样点，如需监测各污水处理单元的效率，应在各处理设施单元的进、出口分别布设采样点。

3.1.4 监测内容确定

3.1.4.1 地表水监测项目

常规监测项目：水温、pH、溶解氧、高锰酸盐指数、化学需氧量、BOD_5、氨氮、总氮（湖、库）、总磷、粪大肠菌群。

选择性测定项目：铜、锌、硒、砷、汞、镉、铅、铬（六价）、氟化物、氰化物、硫化物、挥发酚、石油类、阴离子表面活性剂。

3.1.4.2　生活饮用水监测项目

常规监测项目：肉眼可见物、色、嗅和味、浑浊度、pH、总硬度、铝、铁、锰、铜、锌、挥发酚、阴离子合成洗涤剂、硫酸盐、氯化物、溶解性总固体、耗氧量、砷、镉、铬（六价）、氰化物、氟化物、铅、汞、硒、硝酸盐、氯仿、四氯化碳、细菌总数、总大肠菌群、粪大肠菌群、游离余氯、总α放射性、总β放射性。

3.1.4.3　废（污）水监测项目

（1）第一类污染物

第一类污染物在车间或车间处理设施排放口采样，监测的项目包括总汞、烷基汞、总镉、总铬、六价铬、总砷、总铅、总镍、苯并［*a*］芘、总铍、总银、总α放射性、总β放射性。

（2）第二类污染物

第二类污染物在排污单位排放口采样，监测的项目包括 pH、色度、悬浮物、五日生化需氧量、化学需氧量、石油类、动植物油、挥发酚、总氰化合物、硫化物、氨氮、氟化物、磷酸盐、甲醛、苯胺类、硝基苯类、阴离子表面活性剂、总铜、总锌、总锰等。

3.1.5　分析方法确定

①国家或行业的标准分析方法：成熟性和准确度好，是评价其他监测分析方法的基准方法，也是环境污染纠纷法定的仲裁方法。

②统一分析方法：经国内研究和多个单位的实验验证，表明是成熟的方法。

③试用方法：在国内少数单位研究和应用过，或直接从发达国家引进，供监测科研人员试用的方法。

3.1.6　采样时间和频次确定

①饮用水水源地、省（自治区、直辖市）交界断面中需要重点监控的监测断面，每月至少采样 1 次。

②国控水系、河流、湖、库的监测断面，逢单月采样 1 次，全年共 6 次。

③水系的背景断面，每年采样 1 次。

④受潮汐影响的监测断面，分别在大潮期和小潮期进行采样。每次采集涨、

退潮水样，分别进行测定。涨潮水样应在断面处水面涨平时采集，退潮水样应在水面退平时采集。

⑤国控监测断面（或垂线）每月采样 1 次，采样时间为每月 5—10 日。

⑥如某必测项目连续 3 年均未检出，且在断面附近确定无新增排放源，而现有污染源排污量不增加的情况下，每年可采样 1 次进行测定。一旦检出，或在断面附近新增排放源或现有污染源有新增排污量时，即恢复正常采样。

⑦遇特殊自然情况，或发生污染事故时，要随时增加采样频次。

⑧在流域污染源限期治理、限期达标排放的计划中和流域受纳污染物的总量削减规划中，以及为此所进行的同步监测中，按计划或规划内容来确定采样频次。

⑨为配合局部水流域的河道整治，及时反映整治的效果，应在一定时期内增加采样频次，具体由整治工程所在地方生态环境主管部门确定。

⑩工业废水和城市污水的排放量和污染物浓度常随工厂生产情况及居民生活情况的变化而发生变化，采样时间和频率应根据实际情况确定。

3.1.7 监测结果分析与评价

按照不同监测指标的要求记录好原始数据，并对其进行平行样品的测定，对于大量的数据要求计算其标准偏差。

最后要用相关的标准对各监测指标的监测结果进行对比评价。

3.1.8 监测报告

按照水与废水监测项目要求的格式认真撰写监测报告。

3.2 水样的采集及预处理

3.2.1 水样的采集

3.2.1.1 水样的类型

①瞬时水样：在某一时间和地点从水体中随机采集的分散水样。

②混合水样：在同一采样点不同时间采集的瞬时水样的混合水样，有时称为

时间混合水样，以与其他混合水样相区分。

③综合水样：把不同采样点同时采集的各个瞬时水样混合后所得到的样品。

3.2.1.2 地表水样的采集

①采样前的准备：选择适宜材质的盛水容器和采样器，并将其清洗干净。准备好交通工具（常使用船只）。

②采样方法：采集表层水样时，可用桶、瓶等容器直接采集。一般将容器沉至水面下 0.3～0.5 m 处采集，而不宜直接取表层水。采集深层水样时，则必须采用采样器，采样器包括常用采样器（简易采样器和单层采样器）、急流采样器、溶解氧采样器等。

3.2.1.3 地下水样的采集

（1）采样要求

采集的水样应均匀，具有代表性。取样时，先用待取水样将水样瓶涮洗 2～3 次，再将水样采集于瓶中，所采集的水样不得受到任何污染。

取平行水样时，必须在相同条件下同时采集，容器材料也应相同。

采集的每个样品，均应在现场立即用石蜡封好瓶口，并贴上标签。标签上应注明样品编号、采样日期、水样种类、地层岩性、浊度、水温、气温等信息。如加有保护剂，则应注明加入的保护剂名称及用量和测定要求等。

（2）采样方法

井水：从井中采集水样，必须在充分抽汲后进行，抽汲水量不得少于井内水体积的 2 倍，采样深度应在地下水水面 0.5 m 以下，以保证水样能代表地下水水质。对封闭的生产井，可在抽水时从泵房出水管放水阀处采样，采样前应将抽水管中的存水放净。

泉水：对于自喷的泉水，可在涌口处出水水流的中心采样；对于不自喷泉水，将停滞在抽水管的水汲出，新水更替之后，再进行采样。

自来水：在出水口附近喷洒或涂抹酒精，把水龙头打开，让水流 10 mim 左右，让水管里的存水流掉后再用洁净瓶取样。

3.2.1.4 废（污）水样的采集

①浅层废（污）水：可从浅埋排水管、沟道中采样，用采样容器直接采集，

也可用长把塑料勺采集。

②深层废（污）水：可用深层采水器或固定在负重架内的采样容器，将其沉入检测井内采样。

③自动采样：采用自动采水器自动采集瞬时水样和混合水样。

3.2.1.5 注意事项

①单独采样的监测项目：悬浮物、pH、溶解氧、生化需氧量、油类、硫化物、余氯、放射性、微生物等。

②采样时必须使水样充满采样容器的监测项目：溶解氧、生化需氧量和有机污染物等。

③现场测定的项目：pH、电导率、溶解氧等。

④采样过程中要同步测量水文参数和气象参数。

⑤采样时必须认真填写采样登记表；每个水样瓶都应贴上标签（注明采样点编号、采样日期等）。

⑥样品采集完成后要塞紧瓶塞，必要时还要密封。

3.2.2 水样的预处理

水样预处理的目的是得到欲测组分满足测定方法要求的形态、浓度和消除共存组分干扰的试样体系，通常有以下几种预处理方式：①破坏有机物；②溶解悬浮性固体；③将各种价态的欲测元素氧化成单一高价态或转变成易于分离的无机化合物。

水样预处理的原则是最大限度去除干扰物，回收率高，操作简便省时，成本低，对人体和环境无影响。

3.2.2.1 水样的消解

（1）湿法消解

①硝酸消解法：可直接用于较清洁的地表水样的消解，方法要点是取混匀水样 50～200 mL 于锥形瓶中，加入 5～10 mL 浓硝酸，在电热板上加热蒸发至 5 mL 左右，试液应清澈透明，呈浅色或无色，否则应补加浓硝酸继续消解。若有沉淀，应过滤，滤液冷却至室温后于 50 mL 容量瓶中定容，备用。

②硝酸-硫酸消解法：两种酸都有较强的氧化能力，其中硝酸沸点低，而硫酸

沸点高，二者结合使用，可提高消解温度和消解效果。常用的硝酸与硫酸的比例为 5∶2。

③硝酸-高氯酸消解法：两种酸都是强氧化性酸，联合使用可消解含难氧化有机物的水样。

④硫酸-磷酸消解法：两种酸的沸点都比较高，其中硫酸氧化性较强，磷酸能与一些金属离子（如 Fe^{3+}等）络合，故二者结合消解水样，有利于在测定时消除 Fe^{3+}等离子的干扰。

⑤硫酸-高锰酸钾消解法：常用于消解测定汞的水样。高锰酸钾是强氧化剂，在中性、碱性、酸性条件下都可以氧化有机物，其氧化产物多为草酸根，但在酸性介质中还可继续氧化。

⑥多元消解法：为提高消解效果，在某些情况下需要采用三元以上的酸或氧化剂消解体系。例如，处理测总铬的水样时，用硫酸、磷酸和高锰酸钾消解。

⑦碱分解法：当用酸体系消解水样造成易挥发组分损失时，可改用碱分解法，即在水样中加入氢氧化钠和过氧化氢溶液，或者氨水和过氧化氢溶液，加热煮沸至近干，用水或稀碱溶液温热溶解。

（2）干式灰化法

处理过程：取适量水样于白瓷或石英蒸发皿中，置于水浴或用红外灯蒸干，移入马弗炉内，于 450～550℃灼烧至残渣呈灰白色，使有机物完全分解。取出蒸发皿，冷却，用适量 2% HNO_3（或 HCl）溶解样品灰分，过滤，滤液定容后供测定。

该方法不适用于处理测定易挥发组分（如砷、汞、镉、硒、锡等）的水样。

3.2.2.2　水样的分离与富集

水质监测中，被测组分往往含量极低，且有大量共存物质，因此需要进行样品的预富集和分离，以消除干扰，提高测定方法的灵敏度；富集和分离往往是不可分割、同时进行的。

（1）气提法、顶空法和蒸馏法

①气提法：把惰性气体通入调制好的水样中，将欲测组分吹出，直接送入仪器测定，或导入吸收液吸收富集；如用分光光度法测定水样中的硫化物，先使水样在磷酸介质中生成硫化氢，再用惰性气体载入乙酸锌-乙酸钠溶液吸收，以达到与母液分离的目的。

②顶空法：常用于测定挥发性有机物（VOCs）水样的预处理。例如，测定水

样中的挥发性有机物或挥发性无机物（VICs）时，先在密闭的容器中装入水样，容器上部留存一定空间，再将容器置于恒温水浴中，经过一定时间，容器内的气液两相达到平衡。

③蒸馏法：利用水样中各污染组分具有不同的沸点而使其彼此分离，如对挥发酚、氰化物和氟化物等的分离。

（2）萃取法

①溶剂萃取法：基于物质在互不相溶的两种溶剂中的分配系数不同，进行组分的分离和富集，如用气相色谱仪测定六六六和滴滴涕时，需先用石油醚萃取。

②固相萃取法：利用水样中欲测组分与共存干扰组分在固相萃取剂上作用力的强弱不同而使它们彼此分离。固相萃取剂是含 C18 或 C8、腈基、氨基等基团的特殊填料。测定有机氯农药、苯二甲酸酯和多氯联苯等污染物时，水样的预处理可用固相萃取法。

（3）吸附法

吸附法是利用多孔性的固体吸附剂将水样中一种或数种组分吸附于表面，再用适宜的溶剂、加热或吹气等将欲测组分解吸，达到分离和富集的目的。物理吸附主要吸附金属离子和有机物；多孔高分子聚合物主要吸附有机物；化学吸附主要为针对性吸附，如以巯基棉为介质的巯基官能团对烷基汞、汞、铜、铅、砷等具有很强的吸附作用。

（4）离子交换法

离子交换法是利用离子交换剂与溶液中的离子发生交换反应进行分离的。离子交换剂分为无机离子交换剂和有机离子交换剂两大类，广泛应用的是有机离子交换剂，即离子交换树脂。强酸性阳离子交换树脂一般用于富集金属阳离子；强碱性阴离子能富集强酸或弱酸的阴离子。

3.3 常见物理性指标的测定

3.3.1 实验目的

①掌握水样 7 种常见物理性指标（水温、色度、臭、浊度、pH、电导率和透明度）。

②学会水样常见物理性指标的测定方法。

③熟练掌握水样常见物理性指标的测定与分析。

3.3.2 物理性指标

3.3.2.1 水温

水的物理化学性质与水温有密切关系。水中溶解性气体（如氧气、二氧化碳等）的溶解度、生物和微生物活动、非离子氨浓度、盐度、pH 以及碳酸钙饱和度等都受水温变化的影响。

温度为现场监测项目之一，常用的测量仪器是水温计，主要用于地表水、污水等浅层水温的测量。

测定时，将水温计插入一定深度的水中，放置 5 min 后迅速提出水面，读数。当气温与水温相差较大时，尤其注意要立即读数，避免受气温的影响。

注意事项：①当现场气温高于 35℃或低于−30℃时，水温计在水中的停留时间要适当延长，以达到温度平衡；②在冬季的东北地区，读数应在 3 s 内完成，否则会影响读数的准确性。

3.3.2.2 色度

纯水为无色透明。清洁水在浅层时应为无色，深层时为浅蓝绿色。天然水中存在腐殖质、泥土、浮游生物、铁和锰等金属离子，这些物质均可使水体着色。

纺织、印染、造纸、食品、有机合成工业的废水中，常含有大量染料、生物色素和有色悬浮微粒等，这是使环境水体着色的主要污染源。有色废水常给人以不愉快感，排入环境后又使天然水体着色，减弱水体的透光性，影响水生生物的生长。

水的颜色为改变透射可见光光谱组成的光学性质，可区分为表观颜色和真实颜色。没有去除悬浮物的水所具有的颜色，包括溶解性物质及不溶解的悬浮物所产生的颜色，为表观颜色。测定未经过滤或离心的原始水样的颜色即为表观颜色。真实颜色是指去除浊度后水的颜色。测定真实颜色时，如水样浑浊，应放置澄清后，取上清液或用孔径为 0.45 μm 的滤膜过滤，也可经离心后再测定。对于清洁的或浊度很低的水，这两种颜色相近。着色很深的工业废水的颜色主要是由胶体和悬浮物造成的，可根据需要测定表观颜色或真实颜色。

水的色度单位是度，每升水中含有 2 mg $CoCl_2 \cdot 6H_2O$（相当于 0.5 mg Co）和 1 mg Pt（以 H_2PtCl_6 的形式）时具有的颜色为 1 度。

（1）方法选择

用铂钴色度测定仪测定较清洁的、带有黄色色调的天然水和饮用水的色度，结果以度数表示。

对工业废水和受工业废水污染的地表水，可用文字描述颜色的种类和深浅程度，并使用稀释倍数法测定色度。

（2）样品的采集与保存

要注意水样的代表性。所取水样应无树叶、枯枝等漂浮杂物。将水样盛于清洁、无色的玻璃瓶内，尽快测定。否则水样应在约 4℃冷藏保存，并于 48 h 内测定。

（3）测定

1）铂钴标准比色法

最低检测色度为 5 度，测定范围为 5～50 度。即使轻微的浑浊度也会干扰测定，故浑浊水样需先离心，取上清液进行测定。

用氯铂酸钾和氯化钴配成与天然水黄色色调相同的标准色列，用于水样目视比色测定。

铂钴标准溶液的配制：称取 1.246 g 氯铂酸钾（K_2PtCl_6）（相当于 500 mg Pt）、1.000 g 氯化钴（$CoCl_2 \cdot 6H_2O$）（相当于 250 mg Co），溶于 100 mL 纯水中，加入 100 mL 盐酸，用纯水定容至 1 000 mL。此标准溶液的色度为 500 度。

实验步骤如下：

①取 50 mL 透明水样于比色管中。如水样浑浊应先进行离心，取上清液进行测定。如水样色度过高，可少取水样，加纯水稀释后进行比色，将结果乘以稀释倍数即可。

②另取比色管 11 支，分别加入铂钴标准溶液 0 mL、0.50 mL、1.00 mL、1.50 mL、2.00 mL、2.50 mL、3.00 mL、3.50 mL、4.00 mL、4.50 mL 和 5.00 mL，加纯水至刻度，摇匀。配成的标准色列依次为 0 度、5 度、10 度、15 度、20 度、25 度、30 度、35 度、40 度、45 度和 50 度。此标准色列可长期使用，但应防止此溶液蒸发及被沾污。

③在光线充足处，将水样与标准色列并列，以白纸为衬底，使光线从底部向上透过比色管，自管口向下垂直观察比色。

计算方法如下：

$$C=(A/B)\times 50$$

式中，C —— 水样的色度，度；

A —— 水样相当于铂钴标准色列的色度，度；

B —— 水样体积，mL。

2）色度仪测定法

该法适用于清洁水、轻度污染并略带黄色调的水、比较清洁的地面水、地下水和饮用水等各类水质现场色度的定量测定，原理为铂钴标准比色法，光源波长为 380 nm。

采样和样品的准备：所有与样品接触的玻璃器皿都要用盐酸或表面活性剂溶液清洗，最后用蒸馏水、纯净水或去离子水洗净、沥干。将样品采集在容积至少为 0.5 L 的玻璃瓶内。将样品倒入 250 mL（或更大）的量筒中，静置 15 min，倾取上层液体作为试样进行测定。

实验步骤如下：

①用 3 mL 塑料吸管移取过滤后的蒸馏水至距离比色皿上沿 0.5 cm 处，擦净比色皿外壁，放入比色皿槽中，盖好比色槽盖，放置约 10 s。

②按“开/关”键开机，仪器显示“----”，表示处于待机状态。

③按“调零”键进行空白测量，仪器显示“0.00”，表示校零完成。

④取出比色皿，倒掉空白溶液，移取待测样品至距离比色皿上沿 0.5 cm 处，擦净比色皿外壁，放入比色皿槽中，盖好比色槽盖。按“浓度”键进行样品测定，仪器上显示的数值即为待测样品的色度。

注意事项：

①比色皿插入比色槽中定位后，需放置 10～30 s 再测定。

②比色皿插入比色槽中必须靠近左侧定位，盖好比色槽盖，否则影响测定结果。

③测量结束后必须洗净比色皿、定位器，以防被腐蚀。

④若水样中有明显悬浮的大颗粒，需用滤纸或微孔滤膜进行过滤；若水样中的混浊物较多可以用离心机离心将其除去；若水样有明显的颜色需用活性炭进行脱色。

3）稀释倍数法

该法将工业废水用蒸馏水稀释至与无色水相比刚好看不见颜色时的稀释倍数作为表达颜色的强度，单位为倍。

实验步骤：取约 100 mL 澄清水样于烧杯中，以白色瓷板为背景，观察并描述其颜色种类。比色管底部衬一白瓷板，取 5 mL 澄清的水样至比色管中，加水至标线，此时的稀释倍数为 10 倍，以蒸馏水做对照，由上至下观察其颜色，若为无色，则减小稀释倍数；若仍有颜色则继续稀释，直至刚好看不出颜色，记录此时的稀释倍数。

3.3.2.3 臭

无臭无味的水虽不表示其不含污染物，但有利于提高使用者对水质的信任。臭是检验原水和处理水水质的必测项目之一。检验臭对评价水处理效果也有意义，并可作为追查污染源的一种手段。

（1）样品的采集与保存

样品应保存在具塞三角玻璃瓶中，尽快分析，不能用塑料容器盛水样。

（2）测定

分别在 20℃和 50℃水浴恒温 10 min 后闻其臭，用适当的词语描述臭特性，并按 6 个等级报告臭强度（表 3-1）。

表 3-1 臭强度等级

等级	强度	说明
0	无	无任何气味
1	微弱	一般难以嗅出，嗅觉敏感者可以嗅到
2	弱	刚能嗅出
3	明显	已能明显嗅到，如不加处理，则不能饮用
4	强	有很明显的臭味
5	很强	有强烈的恶臭

3.3.2.4 浊度

浊度是由水中含有的泥土、粉砂、微细有机物、无机物、浮游生物等悬浮物和胶体物质所造成的，这些物质可使光折射或被吸收。浊度是指水中悬浮物对光线透过时所产生的阻碍程度。水的浊度不仅与水中悬浮物质的含量有关，还与它们的大小、形状及折射系数等有关。1 L 水中含有 1 mg SiO_2 所构成的浊度为 1 个标准浊度单位，简称 1 度。通常浊度越高，溶液越浑浊。

（1）样品的采集与保存

样品保存在具塞玻璃瓶中，尽快分析。如需保存，可在 4℃下冷藏，暗处保存 24 h，测试前要激烈振摇水样并恢复到室温。

（2）测定

测定浊度的方法有分光光度法、目视比浊法和浊度计法，本实验采用浊度计法。

浊度计法的原理是浊度计发出光线，使之穿过一段样品，并从与入射光呈 90°的方向上检测有多少光被水中的颗粒物所散射，又被称为散射法。光源为红外发光二极管，以确保使样品颜色引起的干扰达到最小。任何真正的浊度都必须按这种方式测量。浊度计既适用于野外和实验室内的单次测量，也适用于全天候的连续监测。

（3）实验步骤

①打开电源开关后，仪器先进行全功能自检，自检完毕后，将 0 度标准溶液放入测量槽，按“CAL”（校准）键，约 50 s 后校准完毕，开始测量。

②将完全搅拌均匀的水样倒入干净的比色瓶内，水样液面距比色瓶口 1.5 cm，拧紧保护黑盖（不能拧得过紧），擦净外壁后放入测量池，保护黑盖上的标志对准箭头，按读数键，约 25 s 后浊度值就会显示出来。

③若浊度小于等于 40 NTU，可直接读数。

④若浊度大于 40 NTU，需稀释水样。读出未稀释样品的浊度（T_1），取样体积（V）= 3 000/T_1，无浊度水定容至 100 mL。按上述步骤测定其浊度（T_2）。浊度= $T_2 \times 100/V$。

（4）注意事项

①用待测水样润洗比色瓶 2～3 次后，将待测液沿比色瓶边缘缓慢倒入，以减少气泡。

②每次以同样的力拧紧保护黑盖。

③读完数后将废弃的样品倒掉，避免腐蚀比色瓶。

3.3.2.5 pH

天然水的 pH 多在 6～9，这也是我国污水排放标准中的 pH 控制范围。pH 是水化学中常用的和最重要的检验项目之一。由于 pH 会受水温的影响，测定应在规定的温度下进行或校正温度。

（1）实验仪器

pH 计。

（2）实验步骤

①校准。打开 pH 计电源，预热 10 min 后，将标准溶液倒入小烧杯内，调节仪器温度补偿至待测水样温度处，选用与水样 pH 相差不超过 2 个 pH 单位的标准溶液校准仪器。校准时将电极在标准溶液中搅动 5 s，静置 30 s 后按“校准”键。从第一个标准溶液中取出电极，彻底冲洗，并用滤纸吸干。再将电极浸入第二个标准溶液中，其 pH 与第一个相差约 3 个 pH 单位，如测定值与第二个标准溶液的 pH 差大于 0.1 个 pH 单位，就要检查仪器、电极或标准溶液是否有问题。三者均无异常时方可测定水样。

②测定。先用蒸馏水仔细冲洗电极，再用待测样清洗电极，然后将电极浸入水样中，小心搅拌，待读数稳定后记录 pH。使用完毕后关闭仪器电源。

3.3.2.6 电导率

电导率以数字表示溶液传导电流的能力，其定义是电极截面积为 1 cm^2，电极间距离为 1 cm 时该溶液的电导，单位为 S/cm。在水质分析中水的电导率常用单位为 μS/cm。纯水的电导率很小，当水中含无机酸、碱时，电导率增加。电导率可用于间接推测水中离子的总浓度。水的电导率取决于离子的性质和浓度、溶液的温度和黏度等。

新蒸馏水的电导率为 0.5～2 μS/cm，存放一段时间后，由于空气中的 CO_2 或 NH_3 的溶入，电导率可上升至 2～4 μS/cm；饮用水的电导率为 5～1 500 μS/cm；海水的电导率约为 30 000 μS/cm；清洁河水的电导率为 100 μS/cm。电导率随温度变化而变化，温度每升高 1℃，电导率增加约 2%，通常规定 25℃为测定电导率的标准温度。

（1）实验仪器

电导率仪。

（2）实验步骤

①校准。打开电导率仪的电源，将标准溶液倒入小烧杯内，插入电极，调节仪器温度至待测水样温度处，调节电极常数后选择适当的测量范围。

②测定。先用蒸馏水仔细冲洗电极，再用待测水样清洗电极，然后将电极浸入水样中，待读数稳定后记录电导率。使用完毕后关闭仪器电源。

（3）注意事项

①电导率仪使用前要校准。

②电极插入水样时，注意电极上的小孔必须在水面下。

③最好使用塑料容器盛待测水样。

3.3.2.7　透明度

透明度是水的浑浊程度，是水质指标之一。洁净的水是透明的，但当水中存在悬浮物质、胶体物质或有色物质时，透明度会降低。因此，透明度是与水的颜色和浑浊度两者综合影响有关的水质指标。透明度常用的测定方法有铅字法和塞氏盘法，前者适用于测定采集后的水样，后者则适用于水体现场测定。透明度的单位为 m 或 cm，数值越大说明透明度越好。

本书采用塞氏盘法进行测定。

（1）方法依据

《透明度的测定（透明度计法、圆盘法）》（SL 87—1994）。

（2）仪器

透明度盘（又称塞氏圆盘）是由较厚的生青铜制成的直径为 200 mm 的圆盘，在盘的一面从中心平分为四个部分，以黑白漆相间涂布，正中心开小孔穿一吊绳，下面加一重锤。

（3）步骤

在晴天水面平稳时，用吊绳将圆盘放低，浸入水中，一直到从上面观察几乎看不见圆盘为止。测量吊绳浸入水中部分的长度，重复数次，求得的平均值即为透明度。

（4）结果表示

吊绳浸入水中的深度如在 1 m 以内，用 cm 表示，结果的记录精确到 1 cm；深度如为 1 m 以上，用 m 表示，结果的记录精确到 0.1 m。

（5）注意事项

①在雨天及大量混浊水流入水体时，或水面有较大波浪时不宜测定。

②透明度盘使用时间较长或其他原因使表面脏污时，应重新涂白漆。

③透明度盘下重锤质量一般为 2 kg 左右。如在水流动时测定易使盘面倾斜，

应增加重锤质量。

④测量时，尽量避免波浪和直射的日光，可利用船的阴影等。

3.3.3 实验数据

水样物理性指标数据记录在表3-2中。

表3-2 水样物理性指标数据记录表

水样					
水温/℃					
色度	真实颜色/度				
	表观颜色/度				
臭	20℃（等级）				
	50℃（等级）				
浊度/NTU					
pH					
电导率/（μS/cm）					
透明度/cm					

3.4 叶绿素a的测定

3.4.1 实验目的

掌握水体叶绿素a的测定原理和方法。

3.4.2 实验原理

叶绿素是植物光合作用中的重要光合色素。通过测定浮游植物的叶绿素，可掌握水体的初级生产力情况。在环境监测中，可将叶绿素a的含量作为湖泊富营养化的指标之一。

叶绿素是植物进行光合作用的主要脂溶性色素，在光合作用的光吸收中具有核心作用。所有光合器官中都含有叶绿素。叶绿素a溶于乙醇、乙醚、丙酮等，难溶于石油醚，有旋光性，主要吸收橙红光和蓝光。因此，这两种光对光合作用最有效。当植物细胞死亡后，叶绿素即游离出来，游离叶绿素不稳定，光、热、酸、碱、氧化剂都会使其分解。在酸性条件下，叶绿素中的镁原子很容易被代替，绿色消失而变黄，叶绿素生成绿褐色的脱镁叶绿素，加热时反应迅速。

叶绿素的实验测量方法有分光光度法、荧光法和色谱法，其中分光光度法应用最为广泛。基于叶绿素提取液对可见光的吸收有选择性，利用分光光度计在某一特定波长下测定其吸光度，即可用公式计算出提取液中叶绿素的含量。

根据朗伯-比尔定律，某有色溶液的吸光度（A）与其中溶液的浓度（c）和液层厚度（L）成正比，即 $A=\alpha\times c\times L$。式中，α为比例常数。当溶液的浓度以百分比浓度为单位，液层厚度为 1 cm 时，α为该物质的吸光系数。各有色物质溶液在不同波长下的吸光系数可通过测定已知浓度纯物质在不同波长下的吸光度而求得。

3.4.3　实验仪器及试剂

实验仪器：①紫外可见分光光度计；②真空泵；③离心机；④乙酸纤维滤膜（孔径 0.45 μm）；⑤抽滤器；⑥组织研磨器；⑦10 mL 离心管。

实验试剂：①碳酸镁粉末；②90%丙酮。

3.4.4　实验样品保存

水样采集后应放置在阴凉处，避免日光直射。最好立即进行测定前水样的预处理，如需经过一段时间（4～48 h）方可进行预处理，则应将水样保存在低温（0～4℃）避光处。在每升水中加入 1 mL 1%碳酸镁悬浊液，防止酸化引起色素溶解。水样在冰冻（−20℃）情况下可保存 30 d。

3.4.5　实验步骤

①取离心或过滤浓缩水样，在抽滤器上装好乙酸纤维滤膜。倒入一定体积的水样进行抽滤，抽滤时负压不能过大（不超过 50 kPa）。水样抽完后，继续抽 1～2 min，减少滤膜上的水分。

②将带有浮游植物的滤膜取出，放入研磨器，在研磨器中加入少量碳酸镁粉末和 2～3 mL 90%丙酮，充分研磨。取研磨器中的上层液倒入 10 mL 离心管中。

③再向研磨器中加入 2～3 mL 90%丙酮，研磨提取，取上层液。重复上述步骤，直至滤膜完全消失。

④将装有上层液的离心管用离心机（6 000 r/min）离心 5 min。将上清液转移

至新的离心管，定容至 10 mL，摇匀。

⑤将上清液倒入 1 cm 光程的比色皿，用分光光度计读取 750 nm、663 nm、645 nm、630 nm 波长处的吸光度，并以 90%丙酮做空白吸光度测定，进行校正。

3.4.6 实验数据

实验数据记录在表 3-3 中。

表 3-3 实验数据记录——样品吸光度

样品编号	过滤水样体积/mL	A_{750}	A_{663}	A_{645}	A_{630}	提取液定容体积/mL	叶绿素 a 的含量/（mg/L）

叶绿素 a 的含量（C）按下式计算：

$$C=\frac{[11.64\times(A_{663}-A_{750})-2.16\times(A_{645}-A_{750})+0.10\times(A_{630}-A_{750})]\times V_1}{V\times\delta}$$

式中，V—— 水样体积，L；

A—— 吸光度，下角的数字为波长；

V_1—— 提取液定容后体积，mL；

δ—— 比色皿的光程，cm。

3.4.7 注意事项

①本实验中使用的玻璃器皿和比色皿均应清洁、干燥、无酸，不要用酸浸泡或洗涤；吸收池要事先用 90%丙酮溶液校正。

②750 nm 处的吸光度用来校正浑浊度。由于在 750 nm 处，提取液的吸光度对丙酮和水的比例变化非常敏感，因此对于丙酮提取液的配制要严格遵守 90 份丙酮比 10 份水（体积比）；用 10 mm 吸收池，在 750 nm 处的吸光度大于 0.005 时，需将溶液再次离心分离。

③使用斜头离心机时，容易产生二次沉淀物。为避免这一问题，可使用外旋式离心头，并在离心前瞬间加入过量碳酸镁。

④在研磨器中用90%丙酮溶液提取叶绿素时，可能会因研磨不充分而不能完全提取，研磨棒可用特氟龙制的均化器，也可用玻璃研磨器代替研钵。

⑤因为叶绿素对光敏感，故实验操作需尽量在微弱的光照下进行。

思考题

通常在提取叶绿素时都使用含有一定比例水分的有机溶剂（95%乙醇或90%丙酮），为什么不直接使用纯有机溶剂？

3.5 溶解氧的测定——碘量法

3.5.1 实验目的

①掌握碘量法滴定的原理。

②掌握碘量法测定溶解氧的方法和原理。

3.5.2 实验原理

溶解在水中的分子态氧称为溶解氧，天然水的溶解氧含量取决于水体与大气中氧的平衡。溶解氧的饱和含量与空气中氧的分压、大气压、水温有密切关系。一般在20℃条件下饱和溶解氧浓度为8～9 mg/L。盐度对水中饱和溶解氧浓度也有影响。一般在天然水体中氧气浓度小于饱和溶解氧浓度，这是因为水体中存在有机物（特别是被污染的水体），微生物能够利用这些有机物进行生长，同时消耗溶解氧。清洁地表水中溶解氧接近饱和，由于藻类的生长，溶解氧可能过饱和。水体受有机物、无机物污染时溶解氧含量降低；当大气中的氧气来不及补充时，水中溶解氧含量逐渐降低并趋近于零，此时会引起厌氧菌繁殖，水质恶化，鱼虾死亡。

溶解氧的测定一般用碘量法。向水中加入硫酸锰及碱性碘化钾溶液，生成氢氧化锰沉淀。此时氢氧化锰极不稳定，迅速与溶解氧反应生成锰酸锰，加入浓硫酸使棕色沉淀与溶液中的碘化钾发生反应，析出碘。水中的溶解氧越多，析出的碘越多，溶液颜色越深。

$$2MnSO_4+4NaOH \longrightarrow 2Mn(OH)_2\downarrow+2Na_2SO_4$$

$$2Mn(OH)_2+O_2 \longrightarrow 2MnO(OH)_2$$

$$MnO(OH)_2+Mn(OH)_2 \longrightarrow MnMnO_3\downarrow\text{（棕色沉淀）}+2H_2O$$

$$MnMnO_3+3H_2SO_4+2KI \longrightarrow 2MnSO_4+I_2+3H_2O+K_2SO_4$$

$$I_2+2Na_2S_2O_3 \longrightarrow 2NaI+Na_2S_4O_6$$

用移液管取一定量反应完毕的水样，以淀粉作指示剂，用标准溶液滴定，计算水中溶解氧的含量。

3.5.3 实验仪器及试剂

（1）实验仪器

300 mL 溶解氧瓶、25 mL 滴定管、250 mL 锥形瓶、50 mL 移液管、洗耳球。

（2）实验试剂

①（1+5）硫酸：1 体积浓硫酸（密度为 1.84 g/cm^3）+5 体积纯水。

②硫酸锰溶液：称取 480 g 硫酸锰（$MnSO_4\cdot 4H_2O$）或 364 g $MnSO_4\cdot H_2O$ 溶于水，定容至 1 000 mL。此溶液加入酸化碘化钾中，遇淀粉不得显蓝色。

③碱性碘化钾溶液：称取 500 g NaOH 溶于 300～400 mL 去离子水中，另称取 150 g KI（或 135 g NaI）溶于 200 mL 去离子水中，待 NaOH 溶液冷却后，将两溶液混合均匀并稀释至 1 000 mL。如有沉淀，则静置 24 h，倒出上清液，贮存于棕色瓶中。塞紧橡皮塞，避光保存。此溶液酸化后，遇淀粉不得显蓝色。

④1%淀粉溶液：称取 1 g 可溶性淀粉，用少量水调成糊状，用沸水稀释至 100 mL。冷却后，加入 0.1 g 水杨酸或 0.4 g $ZnCl_2$ 防腐。

⑤重铬酸钾标准溶液（$C_{1/6K_2Cr_2O_7}=0.025\,00$ mol/L）：称取 1.225 8 g 在 105～110℃烘干 2 h 的 $K_2Cr_2O_7$，溶于水中，转移至 1 000 mL 容量瓶，用水稀释至刻度线，摇匀。

⑥硫代硫酸钠溶液：称取 6.2 g 硫代硫酸钠（$Na_2S_2O_3\cdot 5H_2O$），溶于 1 000 mL

煮沸放凉的水中，加入 0.2 g 碳酸钠，贮存于棕色瓶中。在暗处放置 7～14 d 后标定。

标定：在 250 mL 碘量瓶中，加入 100 mL 水和 1 g KI，用移液管吸取 10.00 mL 浓度为 0.025 00 mol/L 的重铬酸钾标准溶液、5 mL（1+5）硫酸，密塞摇匀。置于暗处 5 min，取出用硫代硫酸钠溶液滴定至由棕色变为淡黄色，加入 1 mL 淀粉溶液，滴定至蓝色恰好褪去为止，记录硫代硫酸钠溶液的用量。

$$C=\frac{10.00\times 0.025\ 00}{V}$$

式中，C —— 硫代硫酸钠浓度，mol/L；

V —— 滴定时消耗硫代硫酸钠体积，mL。

标定数据记录在表 3-4 中。

表 3-4　硫代硫酸钠溶液标定数据记录

编号	滴定时消耗硫代硫酸钠体积/mL	硫代硫酸钠浓度/（mol/L）

3.5.4　实验样品预处理

3.5.4.1　水样采集

采样时，用水样冲洗溶解氧瓶后，用虹吸法将水样导入溶解氧瓶底部并溢流至溶解氧瓶体积的 1/3～1/2。注意不要产生气泡。

3.5.4.2　溶解氧的固定

用刻度管吸取 1 mL 硫酸锰溶液，在液面下加入溶解氧瓶中。按上述方法，再加入 2 mL 碱性碘化钾溶液。盖紧瓶盖，颠倒混合数次，静置。待沉淀物下降至瓶内一半时，再混合颠倒一次，待沉淀物降至瓶底。现场固定。

3.5.5　实验步骤

①析出碘：轻轻打开瓶盖，立即用吸管往液面下加入 2.0 mL 浓硫酸，盖紧瓶

盖。颠倒混合，直至沉淀物全部溶解为止。放在暗处静置 5 min。

②样品测定：用移液管吸取 100.0 mL 上述溶液于 250 mL 锥形瓶中，用硫代硫酸钠标准溶液滴定至溶液呈淡黄色，加入 1 mL 淀粉溶液。继续滴定至蓝色刚好褪去，记录硫代硫酸钠溶液用量。

3.5.6 实验数据

实验数据记录在表 3-5 中。

表 3-5 溶解氧测定数据记录

样品编号	硫代硫酸钠标准溶液浓度/（mol/L）	消耗溶液体积/mL	溶解氧浓度/（mg/L）

3.5.7 实验结果

水中溶解氧浓度用下式计算：

$$C_{O_2}=\frac{CV\times 8\times 1\,000}{100}$$

式中，C_{O_2} —— 水中溶解氧浓度，mg/L；

C —— 硫代硫酸钠标准溶液浓度，mol/L；

V —— 硫代硫酸钠标准溶液用量，mL。

3.5.8 注意事项

采样时不可搅动水体，以免对溶解氧的测定产生影响。

思考题

（1）在固定溶解氧时，棕色沉淀不明显说明什么问题？

（2）溶解氧固定后，加入浓硫酸，并在暗处放置 5 min，有何作用？列出相应的化学方程式来说明。

3.6　钙和镁总量、总硬度的测定——EDTA 配位滴定法

3.6.1　实验目的

①掌握配位法测定水中钙镁硬度的原理及方法。

②了解金属指示剂的特点，掌握铬黑 T 和钙指示剂的使用条件。

3.6.2　实验原理

水的总硬度是指 Ca^{2+}、Mg^{2+}的总量，一般折算成 CaO 的量来衡量。EDTA 配位滴定法是测定水的硬度应用最广泛的方法。滴定时，首先发生金属离子与指示剂间的反应，然后滴加配位剂 EDTA，EDTA 夺取已与指示剂结合的金属离子，同时释放出指示剂。反应式如下：

$$\underset{\text{金属离子}}{M} + \underset{\text{指示剂}}{In} = \underset{\text{配合物}}{MIn}$$

$$MIn + EDTA = M\text{-}EDTA + In$$

pH=10 时，以铬黑 T 作指示剂，测定 Ca^{2+}、Mg^{2+}的总量，配合物稳定性的大小顺序为 Ca-EDTA＞Mg-EDTA＞MgIn＞CaIn，加入铬黑 T 后，其首先与 Mg^{2+}结合，生成稳定的酒红色配合物，滴入的 EDTA 则先与游离的 Ca^{2+}配位，再与游离的 Mg^{2+}作用，最后夺取与铬黑 T 配位的 Mg^{2+}，使指示剂释放出来，溶液由酒红色变为纯蓝色（指示剂颜色）则为滴定终点。

pH=12 时，测定 Ca^{2+}含量，此时 Mg^{2+}以 $Mg(OH)_2$ 沉淀形式存在，不干扰测定，钙指示剂与 Ca^{2+}结合成红色配合物，滴入 EDTA 后，EDTA 先与游离的 Ca^{2+}作用，再进一步夺取与钙指示剂配位的 Ca^{2+}使溶液由红色变为纯蓝色（指示剂颜色）。

3.6.3　实验仪器及试剂

实验仪器：①酸式滴定管；②移液管；③锥形瓶。

实验试剂：①氨-氯化铵缓冲溶液，pH=10；②10% NaOH 溶液；③EDTA 标准溶液，C_{EDTA} =0.010 00 mol/L；④铬黑 T 指示剂，钙指示剂；⑤Mg-EDTA 溶液。

3.6.4 实验步骤

（1）水样总硬度的测定

用移液管移取 50.00 mL 水样于 250 mL 锥形瓶中，加入 5 mL 氨-氯化铵缓冲溶液、10 滴 Mg-EDTA 溶液、3～4 滴铬黑 T 指示剂，用 0.010 00 mol/L EDTA 标准溶液滴定至溶液由酒红色变为纯蓝色即为滴定终点，平行滴定 3 次。

（2）水样钙硬度的测定

用移液管移取 50.00 mL 水样于 250 mL 锥形瓶中，加入 8～10 mL 2 mol/L NaOH 溶液，充分振荡，放置数分钟，加 8 滴钙指示剂，用 0.010 00 mol/L EDTA 标准溶液滴定至溶液由酒红色变为纯蓝色即为滴定终点，平行滴定 3 次。

3.6.5 实验数据

水样总硬度的测定实验数据记录在表 3-6 中。

表 3-6 测定水样总硬度的实验记录

消耗 EDTA 的体积/mL	水样编号		
	1	2	3
$V_{EDTA初}$			
$V_{EDTA终}$			
$V_{EDTA} = V_{EDTA终} - V_{EDTA初}$			
$V_{EDTA平均}$			

水样钙硬度的测定实验数据记录在表 3-7 中。

表 3-7 测定水样钙硬度的实验记录

消耗 EDTA 的体积/mL	水样编号		
	1	2	3
$V_{EDTA初}$			
$V_{EDTA终}$			
$V_{EDTA} = V_{EDTA终} - V_{EDTA初}$			
$V_{EDTA平均}$			

3.6.6　实验结果

①总硬度计算：

$$CaO\ (mg/L) = \frac{V_{EDTA平均} \times C_{EDTA} \times 56.08}{40.00} \times 1\,000$$

②钙硬度计算：

$$Ca\ (mg/L) = \frac{V_{EDTA平均} \times C_{EDTA} \times 40.08}{40.00} \times 1\,000$$

③镁硬度计算：

$$Mg\ (mg/L) = CaO\ (mg/L) - Ca\ (mg/L)$$

思考题

（1）为什么测定钙、镁总硬度时 pH 要为 10，而测定钙硬度时 pH 要为 12？
（2）使用金属指示剂的注意事项是什么？
（3）本实验采用铬黑 T 作指示剂，能否用二甲酚橙代替？
（4）水中若存在 Fe^{3+}、Al^{3+}等离子，会对测定产生什么影响？应如何消除？

3.7　高锰酸盐指数的测定——酸性法

3.7.1　实验目的

①掌握高锰酸钾溶液的配制方法。
②理解高锰酸盐指数测定的意义及表示方法。
③掌握酸性高锰酸钾法测定高锰酸盐指数的原理和方法。

3.7.2　实验原理

水样中加入硫酸使其呈酸性后，加入一定量的高锰酸钾溶液，并在沸水浴中加热反应一定的时间。加入过量的草酸钠溶液还原剩余的高锰酸钾再用高锰酸钾标准溶液回滴过量的草酸钠，通过计算求出高锰酸盐指数。

在 H_2SO_4 酸性溶液中 MnO_4^- 与 $C_2O_4^{2-}$ 进行如下的反应：

$$2MnO_4^- + 5C_2O_4^{2-} + 16H^+ = 2Mn^{2+} + 10CO_2\uparrow + 8H_2O$$

高锰酸盐指数是一个相对的条件性指标，其测定结果与溶液的酸度、高锰酸盐浓度、加热温度和反应时间有关。因此，测定时必须严格遵守操作规定，使结果具有可比性。

（1）方法适用范围

酸性法适用于氯离子含量不超过 300 mg/L 的水样。

当水样的高锰酸盐指数数值超过 10 mg/L 时，则酌情分取少量，并用水稀释后再测定。

（2）水样的采集和保存

水样采集后，应加入硫酸使 pH 调至 2 以下，以抑制微生物活动。样品应尽快分析，并在 48 h 内测定。

3.7.3 实验仪器及试剂

（1）实验仪器

①沸水浴装置；②移液管；③250 mL 锥形瓶；④25 mL 酸式滴定管。

（2）实验试剂

①高锰酸钾标准储备液（$c = 0.1$ mol/L）：称取 3.2 g 高锰酸钾溶于 1.2 L 水中，加热煮沸，使体积减少至约 1 L，在暗处放置过夜，用 G-3 玻璃砂芯漏斗过滤后，滤液贮存于棕色瓶中。

②高锰酸钾标准溶液（$c = 0.01$ mol/L）：吸取 100 mL 上述高锰酸钾标准储备液，移入 1 000 mL 容量瓶中，用水稀释至标线，贮存于棕色瓶中。使用当天应进行标定。

③（1+3）硫酸。

④草酸钠标准储备液（$c = 0.100$ mol/L）：称取 0.670 5 g 在烘箱内于 105～110℃烘干 1 h 并冷却的优级纯草酸钠溶于水，移入 100 mL 容量瓶中，用水稀释至标线。

⑤草酸钠标准溶液（$c = 0.010\ 0$ mol/L）：吸取 10.00 mL 上述草酸钠标准储备液，移入 100 mL 容量瓶中，用水稀释至标线。

3.7.4　实验步骤

①量取 100 mL 混匀水样（如高锰酸钾指数高于 10 mg/L，则酌情少取，并用水稀释至 100 mL）于 250 mL 锥形瓶中。

②加入 5 mL（1+3）硫酸，摇匀。

③加入 10.00 mL 0.01 mol/L 高锰酸钾标准溶液，摇匀，立刻放入沸水浴中加热 30 min（从水浴重新沸腾起计时）。沸水浴液面要高于反应溶液的液面。

④取出锥形瓶，趁热加入 10.00 mL 0.010 0 mol/L 草酸钠标准溶液，摇匀。立即用 0.01 mol/L 高锰酸钾标准溶液滴定至显微红色，保持 30 s 不褪色，即为滴定终点，记录高锰酸钾标准溶液消耗量（V_1）。

⑤高锰酸钾标准溶液浓度的标定：将上述已滴定完毕的溶液加热至约 70℃，准确加入 10.00 mL 0.010 0 mol/L 草酸钠标准溶液，再用 0.01 mol/L 高锰酸钾标准溶液滴定至显微红色，保持 30 s 不褪色，即为滴定终点，记录高锰酸钾标准溶液消耗量（V），按下式求得高锰酸钾标准溶液的校正系数（K）：

$$K = \frac{10.00}{V}$$

式中，V—— 高锰酸钾标准溶液消耗量，mL。

若水样经稀释时，应同时另取 100 mL 水，同水样操作步骤进行空白实验。

3.7.5　实验数据

实验数据记录在表 3-8 中。

表 3-8　高锰酸盐指数测定原始数据记录

样品	样品滴定			高锰酸钾标准溶液的标定			
	初始读数	终点读数	V_1/V_0/mL	初始读数	终点读数	V/mL	K
空白							

注：若样品需要稀释，则稀释用水（空白）的滴定体积 V_1 即为 V_0。

3.7.6 实验结果

（1）水样不经稀释

$$高锰酸盐指数（O_2，mg/L）=\frac{\left[(10+V_1)K-10\right]\times M\times 8\times 1\,000}{100}$$

式中，V_1 —— 滴定水样时，高锰酸钾标准溶液的消耗量，mL；

K —— 校正系数；

M —— 草酸钠标准溶液的摩尔浓度，0.010 0 mol/L。

（2）水样经稀释

$$高锰酸盐指数（O_2，mg/L）=\frac{\left\{\left[(10+V_1)K-10\right]-\left[(10+V_0)K-10\right]\times C\right\}\times M\times 8\times 1\,000}{V_2}$$

式中，V_0 —— 空白（纯水）滴定时，高锰酸钾标准溶液消耗量，即空白水样的 V_1，mL；

V_2 —— 分取水样量，mL；

K —— 校正系数；

M —— 草酸钠标准溶液的摩尔浓度，0.010 0 mol/L；

C —— 稀释水样中含水的比值，如 10.0 mL 水样，加 90 mL 水稀释至 100 mL，则 $C=0.90$。

3.7.7 注意事项

①在水浴中加热完毕时，溶液仍保持淡红色，如变浅或全部褪去，说明高锰酸钾的用量不够。此时，应将水样稀释倍数加大后再测定，使加热氧化后残留的高锰酸钾为其加入量的 1/3～1/2 为宜。

②温度控制：在酸性条件下，草酸钠和高锰酸钾的反应温度应保持在 70～80℃，所以滴定操作必须趁热进行，若溶液温度过低，需适当加热。低于此温度或室温下反应速度极慢，温度超过 90℃，$H_2C_2O_4$ 部分分解导致标定结果偏高。同时要保证沸水浴的水面要高于锥形瓶内的液面。

③酸度控制：滴定应在一定酸度的 H_2SO_4 介质中进行，一般滴定开始时，溶液中的 H^+ 浓度应为 0.5～1 mol/L，滴定终了时应为 0.2～0.5 mol/L。酸度过低，MnO_4^- 会部分被还原成 MnO_2；酸度过高会促进 $H_2C_2O_4$ 分解。

④滴定速度：滴定时应待第 1 滴 $KMnO_4$ 红色褪去之后再滴入第 2 滴，因为滴定反应速度极慢，只有滴入 $KMnO_4$ 反应生成 Mn^{2+} 作为催化剂时，滴定才逐渐加快。否则在热的酸性溶液中，滴入的 $KMnO_4$ 来不及和 $C_2O_4^{2-}$ 反应而发生分解，导致标定结果偏低。

$$4MnO_4^- + 12H^+ = 4Mn^{2+} + 5O_2\uparrow + 6H_2O$$

思考题

（1）为什么处理水样时加热温度不能太高？
（2）为什么开始滴定的速度不能太快？
（3）滴定终点达到后溶液呈粉红色，为什么放置一些时间粉色会褪去？

3.8　五日生化需氧量（BOD_5）的测定

3.8.1　实验目的

①理解 BOD_5 的含义及测定条件。
②了解水样预处理的原理与预处理方法。

3.8.2　实验原理

生物化学需氧量（BOD）定义为：在规定的条件下，微生物分解存在于水中的某些可氧化物质，特别是有机物所进行的生物化学过程所消耗的溶解氧量。该过程进行的时间很长，如在 20℃的培养条件下，全程需 100 d，根据目前国际统一规定，在 20℃左右的温度下培养 5 d 后测出的结果称为五日生化需氧量，记为 BOD_5，单位为 mg/L。

对于一般生活污水和工业废水，虽含较多有机物，如果样品含有足够的微生物和足够的氧气，就可以直接进行测定，但为了满足微生物生长的需要，需加入一定量的无机营养盐（磷酸盐、钙盐、镁盐和铁盐）。

某些不含或少含微生物的工业废水、碱度高的废水、高温或氯化杀菌处理的废水等，测定前应加入可以分解水中有机物的微生物，这种方法称为接种。一些废水中存在难被一般生活污水中的微生物以正常速度降解的有机物或含有剧毒物质时，可以将水样适当稀释，并用驯化后含有适应性微生物的接种水进行接种。

一般监测水质的 BOD_5 只包括含碳有机物氧化的耗氧量和少量无机还原性物质的耗氧量。由于许多二级生化处理的出水和受污染时间较长的水体中往往含有大量硝化微生物，这些微生物达到一定数量就可以产生硝化作用。为了抑制硝化作用的耗氧量，应加入适量的硝化抑制剂。

3.8.3 实验仪器及试剂

玻璃器皿在实验前应认真清洗，防止油污、沾尘，干燥后方能使用。

（1）实验仪器

①生化培养箱，温度控制在20℃左右，可连续无故障运行。

②充氧设备，充氧动力常采用无油空气压缩机（或隔膜泵、氧气瓶、真空泵）。充氧流程可分为正压和负压两种流程。

③BOD 培养瓶，容积为 550 mL。

④样品运输贮藏箱，温度保持在 0～4℃。

⑤250 mL 溶解氧瓶或具塞试剂瓶 2～6 个。

⑥50 mL 滴定管 2 支。

⑦1 mL 移液管 3 支，25 mL、100 mL 移液管各 1 支。

⑧10 mL、100 mL 量筒各 1 个。

⑨250 mL 碘量瓶 2 个。

（2）实验试剂

本实验采用分析纯试剂，实验用水采用重蒸蒸馏水。

①硫酸锰溶液：将 $MnSO_4 \cdot 4H_2O$ 480 g 或 $MnSO_4 \cdot 2H_2O$ 400 g 溶于蒸馏水中，过滤后稀释至 100 mL（此溶液中不能含有高价锰，实验方法是取少量溶液加入碘化钾及稀硫酸后溶液不能变成黄色，如变成黄色表示有少量碘析出，即溶液中含高价锰）。

$$MnO_3^{2-}+2I^- = I_2+Mn^{2+}+3H_2O$$

②碱性碘化钾溶液：将 500 g 氢氧化钠溶解于 300～400 mL 蒸馏水中，冷却至室温。另外将 300 g 碘化钾溶解于 200 mL 蒸馏水中，慢慢加入已冷却的氢氧化

钠溶液，摇匀后稀释至 1 000 mL（切勿溅到皮肤和衣物上），如有沉淀，则放置过夜后取上清液，贮藏于塑料瓶或棕色试剂瓶（橡胶塞）中。

③浓硫酸。

④1%淀粉指示液：称取 2 g 可溶性淀粉，溶于少量蒸馏水中，调成糊状。用 200 mL 沸水冲开。冷却后加入 0.25 g 水杨酸或 0.8 g 氯化锌，防腐。此溶液遇碘变蓝，若变紫，则表示部分变质，要重新配制。

⑤（1+1）硫酸：将浓硫酸与水等体积混合。

⑥2 mol/L 硫酸（1/2 H_2SO_4）。

⑦盐溶液：下述溶液至少可稳定 1 个月，应贮存于玻璃瓶内，置于暗处。一旦发现有微生物滋长现象，应弃去不用。

• 磷酸盐缓冲溶液：将 8.5 g 磷酸二氢钾（KH_2PO_4）、21.75 g 磷酸氢二钾（K_2HPO_4）、33.4 g 七水磷酸二氢钠（$NaH_2PO_4 \cdot 7H_2O$）和 1.7 g 氯化铵（NH_4Cl）溶于 500 mL 水中，稀释至 1 000 mL。此缓冲溶液 pH 应为 7.2。

• 七水硫酸镁溶液（22.5 g/L）：将 22.5 g 七水硫酸镁（$MgSO_4 \cdot 7H_2O$）溶于水中，稀释至 1 000 mL 并混合均匀。

• 氯化钙溶液（27.5 g/L）：将 27.5 g 无水氯化钙（$CaCl_2$）溶于水，稀释至 1 000 mL 并混合均匀。

• 硫代硫酸钠溶液（$C_{Na_2S_2O_3}=0.025$ mol/L）：称取 6.2 g 硫代硫酸钠（$Na_2S_2O_3 \cdot 5H_2O$）溶于煮沸放冷的蒸馏水中，加入 0.2 g 碳酸钠，用水稀释至 1 000 mL。贮存于棕色瓶中，使用前用重铬酸钾（$C_{1/6K_2Cr_2O_7}=$ 0.025 0 mol/L）标准溶液标定。

标定反应：

$$K_2Cr_2O_7+6KI+7H_2SO_4 = Cr_2(SO_4)_3\text{（硫酸铬，绿色）}+3I_2+4K_2SO_4+7H_2O$$

$$I_2+2Na_2S_2O_3 = 2NaI+Na_2S_4O_6\text{（连四硫酸钠，无色）}$$

硫代硫酸钠溶液浓度：$C=10.00\times0.025\ 0/V$

式中，V—— 硫代硫酸钠溶液消耗量，mL。

⑧氢氧化钠溶液，0.5 mol/L。

⑨盐酸，0.5 mol/L。

⑩稀释水。

⑪接种水：可为城市污水、待测样品经生化处理构筑物的出水处的出水或工业废水。当工业废水中含有难降解有机物时，取该工业废水排水口下游 3～8 km

处的水作为接种水。如无此种水源，采用驯化菌种的方法在实验室培养含有适应于待测样品的接种水，建议采用如下方法：取中和或稀释后的该水样进行连续曝气，每天加少量新鲜水样。同时加入适量表层土壤、花园土壤或生活污水，使能适应水样的微生物大量繁殖。当水中出现大量絮状物，或分析其化学需氧量的降低值出现突变时，表明适应的微生物已经繁殖，可做接种水。一般驯化需 3～8 d。

⑫接种的稀释水：根据需要和接种水的来源，向每升稀释水中加入 1.0～5.0 mL 上述接种水中的一种。已接种的稀释水 5 d（20℃）的耗氧量应为 0.3～1.0 mg/L。

3.8.4 实验步骤

（1）实验前准备工作

①实验前 8 h 将生化培养箱接通电源，并将温度控制在 20℃正常运行。

②将实验用稀释水、接种水和接种的稀释水放入培养箱内恒温备用。

（2）水样预处理

①水样的 pH 不在 6.5～7.5 时，先做单独实验，确定需要的盐酸或氢氧化钠溶液的体积，再中和样品，无论有无沉淀形成。若水样的酸度或碱度很高，可改用高浓度的碱或酸进行中和，确保用量不少于水样体积的 0.5%。

②含有少量游离氯的水样，一般放置 1～2 h 后，游离氯即可消失。对于游离氯在短时间内不能消失的水样，可加入适量的亚硫酸钠溶液，以除去游离氯。

③从水温较低的水体中或富营养化的湖泊中采集的水样，应迅速升温至 20℃左右，否则会造成实验结果偏高。

④若待测水样没有微生物或微生物活性不足时，都要对样品进行接种。以下几种工业废水都需采用接种的稀释水进行稀释，保证微生物的浓度：未经生化处理的工业废水；高温高压或经卫生杀菌的废水，特别要注意食品加工工业的废水和医院生活污水；强酸强碱型的工业废水；BOD_5 高的工业废水；含铜、锌、铅、砷、铬、镉、氰等有毒物质的工业废水。

3.8.5 实验测定

3.8.5.1 不经稀释水样的测定

溶解氧含量较高、有机物含量较少的地表水，可不经稀释而直接以虹吸法将约 20℃的混匀水样转移至两个溶解氧瓶内，转移过程应注意不产生气泡。以同样的操作使两个溶解氧瓶充满水样后溢出少许，加塞。瓶内不应有气泡。

其中一瓶随即测溶解氧，另一瓶的瓶口进行水封后，放入培养箱中，20℃培养 5 d。培养过程中注意添加封口水。

培养 5 d 后，弃去封口水，测定剩余溶解氧。

3.8.5.2　需经稀释水样的测定

稀释倍数需根据实践经验确定，下述计算方法供稀释时参考。

（1）地表水

将测得的高锰酸盐指数与一定系数相乘，即求得稀释倍数。高锰酸盐指数与系数的关系见表 3-9。

表 3-9　高锰酸盐指数与系数

高锰酸盐指数/（mg/L）	系数	高锰酸盐指数/（mg/L）	系数
＜5	—	10～20	0.4、0.6
5～10	0.2、0.3	＞20	0.5、0.7、0.9

（2）工业废水

工业废水由重铬酸钾法测得的 COD 来确定稀释倍数，同时需作单个稀释比。使用稀释水时，由 COD 分别乘以系数 0.075、0.15、0.225，即获得 3 个稀释倍数；使用接种的稀释水时，则由 COD 分别乘以系数 0.075、0.15、0.25，即获得 3 个稀释倍数。

3.8.5.3　稀释操作

（1）一般稀释法

按照选定的稀释比例，用虹吸法沿筒壁先引入部分稀释水（或接种稀释水）于 1 000 mL 量筒中，加入需要量的均匀水样，再加入稀释水（或接种稀释水）至 800 mL，用带胶板的玻璃棒小心地上下搅匀。搅拌时勿使胶板露出水面，防止产生气泡。

按照 3.8.5.1 的操作，测定培养前及培养 5 d 后水样的溶解氧。

另取两个溶解氧瓶，用虹吸法装满稀释水（或接种稀释水）作为空白实验，测定培养前及培养 5 d 后空白水样的溶解氧。

（2）直接稀释法

直接稀释法是在溶解氧瓶内直接稀释。在已知两个容积相同（体积差<1 mL）的溶解氧瓶内，用虹吸法加入部分稀释水（或接种的稀释水），再加入根据溶解氧瓶容积和稀释比例计算出来的水样量，然后加稀释水（或接种的稀释水）至刚好充满溶解氧瓶，加塞，勿留气泡。

3.8.5.4　溶解氧的测定

详见“3.5　水中溶解氧的测定——碘量法”。

3.8.6　实验数据

实验数据记录在表3-10～表3-12中。

表3-10　硫代硫酸钠溶液标定数据记录

样品编号	滴定时消耗硫代硫酸钠体积/mL	硫代硫酸钠浓度/（mol/L）

表3-11　溶解氧测定数据记录

样品编号	硫代硫酸钠标准溶液浓度/（mol/L）	消耗溶液体积/mL	溶解氧浓度/（mg/L）

表3-12　BOD_5测定数据记录

样品编号	培养温度/℃	BOD_5/（mg/L）

3.8.7　实验结果

（1）不经稀释直接培养的水样

$$BOD_5 = DO_1 - DO_2$$

式中，DO_1 —— 水样在培养前的溶解氧浓度，mg/L；

DO_2 —— 水样在培养 5 d 后的溶解氧浓度，mg/L。

（2）经稀释后培养的水样

$$BOD_5 = \frac{(C_1 - C_2) - (B_1 - B_2) \cdot \alpha_1}{\alpha_2}$$

式中，C_1 —— 水样培养前的溶解氧浓度，mg/L；

C_2 —— 水样培养 5 d 后溶解氧浓度，mg/L；

B_1 —— 稀释水（或接种稀释水）在培养前的溶解氧浓度，mg/L；

B_2 —— 稀释水（或接种稀释水）在培养 5 d 后的溶解氧浓度，mg/L；

α_1 —— 稀释水（或接种稀释水）在培养液中所占比例；

α_2 —— 水样在培养液中所占比例。

3.8.8　仪器快速测定法

3.8.8.1　原理

该方法称为无汞压差法（OxiTop BOD 快速测定法）。模拟自然界有机物降解过程：测试上方空气中的氧气不断补充水中消耗的溶解氧，有机物降解过程产生的 CO_2 被密封盖中的 NaOH 吸收，压力传感器实时监测样品瓶中的压力变化。BOD 与气体压力之间建立相关性，通过仪器对这种相关性进行处理，进而在仪器屏幕上直接显示出 BOD。

根据水样的 COD 估算 BOD_5 对应的量程：预期 BOD_5≈80% COD。

选择预期 BOD_5 对应的量程，选择准确量取样品体积，测定完成后，将读数乘以相应的因子即可得到 BOD_5。样品体积、量程及因子见表 3-13。

表 3-13 样品体积及相应因子

样品体积/mL	量程/（mg/L）	因子
432	0～40	1
365	0～80	2
250	0～200	5
164	0～400	10
97	0～800	20
43.5	0～2 000	50
22.7	0～4 000	100

3.8.8.2 测量步骤

①样品准备及装入测量瓶。

②把电磁搅拌子放入测量瓶。

③把 2 粒氢氧化钠试剂片放到橡皮塞中（注意：药片不能加到样品瓶中）。

④把橡皮塞放到测量瓶颈部。

⑤把 OxiTop 测量头直接拧到样品瓶上。

⑥启动测量。

⑦5 d 后读数。

3.8.9 注意事项

①根据废水浓度及毒性确定使用稀释水、接种水还是稀释的接种水，若稀释比大于 100，要分两步或多步进行稀释。

②培养时注意避光，防止藻类生长影响测定结果。

思考题

（1）生化需氧量代表的是水体的什么性质？

（2）生化需氧量与化学需氧量之间有什么关系？

3.9 硝酸盐氮的测定——紫外分光光度法

3.9.1 实验目的

①掌握利用紫外分光光度法测定水中硝酸盐氮的原理和步骤。

②学习离子交换树脂的使用方法。

3.9.2 实验原理

水中的硝酸盐是在有氧环境下，亚硝氮、氨氮等含氮化合物中最稳定的形态，也是含氮有机物经无机化作用最终的分解产物。水中硝酸盐氮的测定方法很多，有酚二磺酸光度法、镉柱还原法、戴氏合金还原法、离子色谱法、紫外分光光度法和电极法等。目前多采用紫外分光光度法和电极法。

利用硝酸盐在紫外区有特征吸收这一特点，建立了双波长—紫外分光光度法来测定水中硝酸盐氮。利用硝酸根离子在 220 nm 处的吸收可定量测定硝酸盐氮。溶解的有机物在 220 nm 处也会有吸收，而硝酸根离子在 275 nm 处没有吸收。因此，在 275 nm 处做吸光值的测定以校正硝酸盐在 220 nm 的吸光值。

3.9.3 实验仪器及试剂

（1）实验仪器

紫外分光光度计，离子交换柱（φ=1.4 cm，树脂层高 5～8 cm）。

（2）实验试剂

①氢氧化铝悬浮液：称取 125 g 硫酸铝钾或硫酸铝铵溶于 1 000 mL 水中，加热至 60℃，加入 55 mL 浓氨水并不断搅拌。冷却后，移入 1 000 mL 量筒，用水反复洗涤沉淀，至洗涤液中不含亚硝酸盐为止。澄清后，将上清液全部倾出，只剩黏稠悬浮物，加 100 mL 水，使用前摇匀。

②10%硫酸锌溶液。

③5 mol/L NaOH 溶液。

④大孔径中性树脂：CAD-40 或 XAD-2 型及类似性能树脂。

⑤甲醇。

⑥1 mol/L 盐酸溶液。

⑦硝酸盐标准贮备液：称取 0.721 8 g 烘干 2 h 的优级纯硝酸钾（KNO_3）溶于水中，定容至 1 000 mL，加 2 mL 三氯甲烷做保存剂，可稳定存放 6 个月。此溶液每毫升含 0.100 mg 硝酸盐氮。

⑧0.8%氨基磺酸溶液，避光于冰箱中保存。

3.9.4 实验步骤

①吸附柱制备：新的大孔径中性树脂先用 200 mL 水分两次洗涤，用甲醇浸泡过夜，弃去甲醇，再用 40 mL 甲醇分两次洗涤，然后用新鲜去离子水冲洗直到无出水乳白色为止。树脂装入柱中时，不可有气泡。

②水样的测定：量取 200 mL 水样，加入 2 mL 硫酸锌溶液，边搅拌边滴入氢氧化钠溶液，调节 pH 为 7。或将 200 mL 水样调至 pH 为 7，再加 4 mL 氢氧化铝悬浮液。待絮凝胶团下沉后，或经离心分离，吸取 100 mL 上清液分两次洗涤吸附柱，以每秒 1～2 滴的流速流出，各样品保持一致，弃去。用水样上清液流过柱子，收集 50 mL，备测定用。树脂用 150 mL 水分 3 次洗涤，备用。树脂吸附容量较大，可处理 50～100 个地表水水样。使用多次后，用未接触过橡胶制品的新鲜去离子水做参比，分别在 220 nm、275 nm 处测吸光度，应接近零。若超过仪器允许误差时，需用甲醇再生。

③加 10 mL 盐酸溶液、0.1 mL 氨基磺酸溶液于比色管中，当亚硝酸盐氮低于 0.1 mg/L 时，可不加氨基磺酸溶液。

④用光程 10 mm 的石英比色皿，分别在波长 220 nm 和 275 nm 处，以经过树脂吸附的新鲜去离子水 50 mL+1 mL 盐酸溶液为参比，测量吸光度。

⑤标准曲线的绘制：在 5 个 200 mL 容量瓶中分别加入 0.50 mL、1.00 mL、2.00 mL、3.00 mL、4.00 mL 的硝酸盐氮贮备溶液，用新鲜去离子水稀释至刻线，其硝酸盐氮质量浓度分别为 0.25 mg/L、0.50 mg/L、1.00 mg/L、1.50 mg/L、2.00 mg/L。操作步骤同步骤④。

3.9.5 实验数据

实验数据记录在表 3-14 和表 3-15 中。

表 3-14　标准曲线吸光度记录

吸光度	标线浓度/（mg/L）					
	0.00	0.25	0.50	1.00	1.50	2.00
A_{220}						
A_{275}						
$A_{校}$						
标准曲线方程				线性相关系数（R^2）		

表 3-15　水样测试结果记录

水样编号	吸光度			硝酸盐氮浓度/（mg/L）
	A_{220}	A_{275}	$A_{校}$	

3.9.6　实验结果

硝酸盐氮浓度的校正吸光度按下式计算：

$$A_{校}=A_{220}-2A_{275}$$

硝酸盐氮浓度从表 3-14 得到的标准曲线方程对应得出。若水样经稀释，应乘以稀释倍数。

思考题

列举其他测定硝酸盐氮的方法及其优、缺点。

3.10　氨氮的测定——纳氏试剂分光光度法

3.10.1　实验目的

①掌握纳氏试剂分光光度法测定水中氨氮的原理和步骤。

②学习紫外分光光度计的使用方法。

3.10.2 实验原理

以游离态的氨或铵离子等形式存在的氨氮与纳氏试剂反应生成淡红棕色络合物，该络合物的吸光度与氨氮含量成正比，于波长 420 nm 处测量吸光度。在 120～124℃下，碱性过硫酸钾溶液使样品中含氮化合物的氮转化为硝酸盐，采用紫外分光光度法于波长 220 nm 和 275 nm 处，分别测定吸光度 A_{220} 和 A_{275}，按下式计算校正吸光度（A），总氮（以 N 计）含量与校正吸光度成正比。

$$A = A_{220} - 2A_{275}$$

3.10.3 实验仪器及试剂

（1）实验仪器

紫外分光光度计（20 mm 石英比色皿），500 mL 蒸馏烧瓶。

（2）实验试剂

①盐酸溶液（$c = 1$ mol/L）：量取 8.5 mL 盐酸（$\rho = 1.18$ g/mL）于适量水中，稀释至 100 mL。

②纳氏试剂：碘化汞-碘化钾-氢氧化钠（HgI_2-KI-NaOH）溶液，称取 16.0 g 氢氧化钠（NaOH），溶于 50 mL 水中，冷却至室温。称取 7.0 g 碘化钾（KI）和 10.0 g 碘化汞（HgI_2），溶于水中，然后将此溶液在搅拌条件下，缓慢加入上述氢氧化钠溶液中，用水稀释至 100 mL。贮存于聚乙烯瓶内，用橡皮塞或聚乙烯盖子盖紧，于暗处存放，有效期 1 年。

③酒石酸钾钠溶液（$\rho = 500$ g/L）：称取 50.0 g 酒石酸钾钠（$NaKC_4H_6O_6 \cdot 4H_2O$）溶于 100 mL 水中，加热煮沸以去除氨，充分冷却后稀释至 100 mL。

④硫代硫酸钠溶液（$\rho = 3.5$ g/L）：称取 3.5 g 硫代硫酸钠（$Na_2S_2O_3$）溶于水中，稀释至 1 000 mL。

⑤氢氧化钠溶液（$\rho = 250$ g/L）：称取 25 g 氢氧化钠溶于水中，稀释至 100 mL。

⑥氢氧化钠溶液（$c = 1$ mol/L）：称取 4 g 氢氧化钠溶于水中，稀释至 100 mL。

⑦硼酸（H_3BO_3）溶液（$\rho = 20$ g/L）：称取 20 g 硼酸溶于水中，稀释至 1 L。

⑧溴百里酚蓝指示剂（$\rho = 0.5$ g/L）：称取 0.05 g 溴百里酚蓝溶于 50 mL 水中，加入 10 mL 无水乙醇，用水稀释至 100 mL。

⑨淀粉-碘化钾试纸：称取 1.5 g 可溶性淀粉于烧杯中，用少量水调成糊状，

加入 200 mL 沸水，搅拌混匀冷却，再加入 0.50 g 碘化钾（KI）和 0.50 g 碳酸钠（Na_2CO_3），用水稀释至 250 mL。将滤纸条放入上述溶液中浸渍后，取出晾干，于棕色瓶中密封保存。

⑩氨氮标准贮备溶液（ρ_N = 1 000 μg/mL）：称取 3.819 0 g 氯化铵（NH_4Cl，优级纯，在 100～105℃干燥 2 h），溶于水中，移入 1 000 mL 容量瓶中，稀释至标线，可在 2～5℃保存 1 个月。

氨氮标准工作溶液（ρ_N = 10 μg/mL）：吸取 5.00 mL 氨氮标准贮备溶液于 500 mL 容量瓶中，稀释至刻度。临用前配制。

3.10.4　实验步骤

（1）样品采集及保存

水样采集后装在聚乙烯瓶或玻璃瓶内，要尽快分析。如需保存，应加硫酸使水样酸化至 pH＜2，在 2～5℃下可保存 7 d。

（2）样品预处理

①去除余氯：若样品中存在余氯，可加入适量的硫代硫酸钠溶液去除余氯。每加 0.5 mL 硫代硫酸钠溶液可去除 0.25 mg 余氯。用淀粉-碘化钾试纸检验余氯是否除尽。

②絮凝沉淀：100 mL 样品中加入 1 mL 硫酸锌溶液和 0.1～0.2 mL 氢氧化钠溶液，调节 pH 约为 10.5，混匀，静置使之沉淀，倾取上清液分析。必要时，用经水冲洗过的中速滤纸过滤，弃去初滤液 20 mL。也可对絮凝后的样品离心处理。

③预蒸馏：将 50 mL 硼酸溶液移入接收瓶内，确保冷凝管出口在硼酸溶液液面之下。分取 250 mL 样品，移入烧瓶中，加几滴溴百里酚蓝指示剂，必要时，用氢氧化钠溶液（c = 1 mol/L）或盐酸溶液调整 pH 至 6.0（指示剂呈黄色）～7.4（指示剂呈蓝色），加入 0.25 g 轻质氧化镁及数粒玻璃珠，立即连接氮球和冷凝管。加热蒸馏，使馏出液速率约为 10 mL/min，待馏出液达 200 mL 时，停止蒸馏，加水定容至 250 mL。

（3）校准曲线绘制

在 8 个 50 mL 比色管中，分别加入 0 mL、0.50 mL、1.00 mL、2.00 mL、4.00 mL、6.00 mL、8.00 mL 和 10.00 mL 氨氮标准工作溶液，其所对应的氨氮含量分别为 0 μg、5.0 μg、10.0 μg、20.0 μg、40.0 μg、60.0 μg、80.0 μg 和 100.0 μg，加水至

标线。加入 1.0 mL 酒石酸钾钠溶液，摇匀，再加入 1.0 mL 纳氏试剂，摇匀。放置 10 min 后，在波长 420 nm 下，用 20 mm 比色皿，以水作参比，测量吸光度。以空白校正后的吸光度为纵坐标，以其对应的氨氮含量（μg）为横坐标，绘制校准曲线。

（4）样品测定

①清洁水样，直接取 50 mL，按与校准曲线相同的步骤测量吸光度。

②有悬浮物或色度干扰的水样，取经预处理的水样 50 mL（若水样中氨氮质量浓度超过 2 mg/L，可适当减少水样体积），按与校准曲线相同的步骤测量吸光度。

③空白测定：用纯水代替水样，按与样品相同的步骤进行前处理和测定。

3.10.5 实验数据

实验数据记录在表 3-16 和表 3-17 中。

表 3-16 标准曲线吸光度记录

吸光度	标线浓度/（mg/L）							
	0	5.0	10.0	20.0	40.0	60.0	80.0	100.0
A_s								
A_b								

表 3-17 水样测试结果记录

水样编号	吸光度		氨氮浓度/（mg/L）
	A_b	A_s	

3.10.6 实验结果

氨氮的含量按下式计算：

$$\rho_N = \frac{A_s - A_b - a}{bV}$$

式中，ρ_N —— 样品中氨氮（以 N 计）的质量浓度，mg/L；

A_s —— 水样的吸光度；

A_b—— 空白实验的吸光度；
a—— 校准曲线的截距；
b—— 校准曲线的斜率；
V—— 试料体积，mL。

思考题

为什么酒石酸钾钠配制时要将溶液煮沸？

3.11　总磷的测定——钼酸铵分光光度法

3.11.1　实验目的

①掌握微波消解方法和紫外分光光度计的使用。
②学习总磷的浓度测算方法。

3.11.2　实验原理

总磷包括溶解的、颗粒的、有机的和无机的磷。在中性条件下用过硫酸钾（或硝酸-高氯酸）使试样消解，将所含磷全部氧化为正磷酸盐。在酸性介质中，正磷酸盐与钼酸铵反应，在锑盐存在下生成磷钼杂多酸后，立即被抗坏血酸还原，生成蓝色的络合物，通常称磷钼蓝。

3.11.3　实验仪器及试剂

（1）实验仪器

紫外分光光度计，医用手提式蒸气消毒器或一般压力锅（压力范围为 1.1～1.4 kg/cm^2）。

（2）实验试剂

①硫酸（H_2SO_4），$\rho = 1.84$ g/mL。
②硝酸（HNO_3），$\rho = 1.4$ g/mL。

③高氯酸（$HClO_4$），优级纯，$\rho = 1.68$ g/mL。

④硫酸（H_2SO_4），1+1。

⑤硫酸，$c(1/2H_2SO_4)$约 1 mol/L：将 27 mL 硫酸①加到 973 mL 水中。

⑥1 mol/L 氢氧化钠溶液：将 40 g 氢氧化钠溶于水并稀释至 1 000 mL。

⑦6 mol/L 氢氧化钠溶液：将 240 g 氢氧化钠溶于水并稀释至 1 000 mL。

⑧50 g/L 过硫酸钾溶液：将 5 g 过硫酸钾（$K_2S_2O_8$）溶于水并稀释至 100 mL。

⑨100 g/L 抗坏血酸溶液：将 10 g 抗坏血酸（$C_6H_8O_6$）溶于水并稀释至 100 mL。此溶液贮存于标色的试剂瓶中，在冷处可稳定几周。如不变色可长时间使用。

⑩钼酸盐溶液：将 13 g 钼酸铵溶于 100 mL 水中。将 0.35 g 酒石酸钾钠溶于 100 mL 水中，在不断搅拌的条件下把钼酸盐溶液徐徐加到 300 mL ④硫酸中，加酒石酸钾钠溶液并且混合均匀。此溶液贮存于棕色试剂瓶中，在冷处可保存两个月。

⑪磷标准贮备溶液：称取（0.219 7±0.001）g 于 110℃干燥 2 h 并在干燥器中冷却的磷酸二氢钾，用水溶解后转移至 1 000 mL 容量瓶中，加入大约 800 mL 水、加 5 mL ④硫酸用水稀释至标线并混匀。100 mL 此标准贮备溶液含 50.0 μg 磷。

⑫磷标准使用溶液：将 10.0 mL 的⑪磷标准贮备溶液转移至 250 mL 容量瓶中，用水稀释至标线并混匀。1.00 mL 此标准使用溶液含 2.0 μg 磷。

⑬酚酞溶液（10 g/L）：称取 0.5 g 酚酞溶于 50 mL 95%乙醇中。

3.11.4 实验步骤

（1）采样和样品

采取 500 mL 水样后加入 1 mL ①硫酸调节样品的 pH，使之小于或等于 1，或不加任何试剂于冷处保存。

（2）试样的制备

取 25 mL 样品于具塞刻度管中。取时应仔细摇匀，以得到溶解部分和悬浮部分均具有代表性的试样。如样品的磷浓度较高，可以减少试样体积。

（3）分析步骤

①空白试样：按上述步骤进行空白试验，用水代替试样，其余步骤同试样②。

②消解：可使用下述两种方法进行样品的消解。

• 过硫酸钾消解：向试样中加 4 mL ⑧过硫酸钾，将具塞刻度管的盖塞紧后用一小块布和线将玻璃塞扎紧（或用其他方法固定），放在大烧杯中置于高压蒸气消毒器中加热，待压力达 1.1 kg/cm^2（相应温度为 120℃）时，保持 30 min 后停止加热。待压力表读数降至零后取出放冷。然后用水稀释至标线。如用硫酸保存水样。当用过硫酸钾消解时，需先将试样调至中性。

• 硝酸-高氯酸消解：取 25 mL 试样于锥形瓶中，加数粒玻璃珠，加 2 mL 硝酸（ρ = 1.4 g/mL）在电热板上加热浓缩至 10 mL。冷后加 5 mL 硝酸，再加热浓缩至 10 mL，放冷。加 3 mL 高氯酸（ρ = 1.68 g/mL），加热至高氯酸冒白烟，此时可在锥形瓶上加小漏斗或调节电热板温度，使消解液在锥形瓶内壁保持回流状态，直至剩下 3～4 mL，放冷。

③加水 10 mL，加 1 滴酚酞指示剂。滴加 1 mol/L 或 6 mol/L 的氢氧化钠溶液至呈微红色，再滴加 1 mol/L 的硫酸，使微红刚好褪去，充分混匀。移至具塞刻度管中用水稀释至标线。

④发色：分别向各份消解液中加入 1 mL 100 g/L 的抗坏血酸溶液混匀，30 s 后加 2 mL 钼酸盐溶液，充分混匀。

⑤测定：室温下放置 15 min 后，使用光程为 30 mm 比色皿，在 700 nm 波长下，以水做参比，测定吸光度。扣除空白实验的吸光度后，从工作曲线上查得磷的含量。

⑥工作曲线：取 7 支具塞刻度管分别加入 0 mL、0.5 mL、1.0 mL、3.0 mL、5.0 mL、10.0 mL 磷标准使用溶液。加水至 25 mL。然后按测定步骤进行处理。以水做参比，测定吸光度。扣除空白实验的吸光度后，和对应的磷的含量绘制工作曲线。

3.11.5 实验数据

实验数据记录在表 3-18 和表 3-19 中。

表 3-18 标准曲线吸光度记录

吸光度	标线浓度/（mg/L）					
	0	0.50	1.00	3.00	5.00	10.0
A_{700}						

表 3-19 水样测试结果记录

水样编号	吸光度 A_{700}	总磷浓度/（mg/L）

3.11.6 实验结果

总磷含量以 C 表示，按下式计算：

$$C=\frac{m}{V}$$

式中，m —— 试样测得含磷量，μg;

V —— 测定用试样体积，mL。

思考题

测定总磷样品前，如何选择比色皿？

3.12 硫化物的测定——亚甲基蓝分光光度法

3.12.1 实验目的

①掌握亚甲基蓝分光光度法测定水中硫化物的原理和方法。

②学习分光光度计的使用方法。

3.12.2 实验原理

水中存在的硫化物是指水溶解性无机硫化物和酸溶解性金属硫化物，包括溶解性的 H_2S、HS^-、S^{2-}，存在于悬浮物中的可溶性硫化物、酸可溶性金属硫化物。水中硫化物的危害性很大，如可消耗水中的氧气，导致水生生物死亡；水中硫化氢除自身能腐蚀金属外，还可被污水中的微生物氧化成硫酸，进而加剧污染等。因此，硫化物是表示水体质量的重要参数之一，其含量是水体污染的一项重要指标，在环境水质监测和废水监测中常被列为主要监测项目。水中硫化物的分析测定方法多种多样，包括碘量法、亚甲基蓝分光光度法、离子色谱法和气相分子吸收光谱法等。其中，亚甲基蓝分光光度法因为具有灵敏度高、简单、快速等优点，是目前应用最为广泛的水中硫化物的测定方法。

3.12.3　实验仪器及试剂

（1）实验仪器

分光光度计，一体化智能蒸馏仪，200 mL 棕色具塞磨口玻璃瓶。

（2）实验试剂

10 mL（1+1）盐酸（*V*/*V*），1%NaOH，4%NaOH，抗氧化剂溶液（抗坏血酸、乙二胺四乙酸二钠和氢氧化钠的混合溶液），硫化物标准溶液，1 mol/L 的乙酸锌溶液。

（3）试剂配制方法

①（1+1）盐酸：量取 250 mL 盐酸（$\rho = 1.19$ g/mL）缓慢注入 250 mL 纯水中，冷却。

②1% NaOH 溶液（$\rho = 10$ g/L）：称取 10.0 g NaOH 溶于 1 000 mL 纯水中，摇匀。

③4% NaOH 溶液（$\rho = 40$ g/L）：称取 4.0 g NaOH 溶于 100 mL 纯水中，摇匀。

④乙酸锌溶液（$c = 1$ mol/L）：称取 220 g $Zn(CH_3COO)_2$ 溶于 1 000 mL 纯水中，若浑浊需过滤后使用。

⑤乙酸锌溶液（$c = 300$ g/L）：称取 3 g $Zn(CH_3COO)_2$ 溶于 10 mL 水中，用于样品保存，临用现配。

⑥抗氧化剂溶液：称取 4.0 g 抗坏血酸（$C_6H_8O_6$）、0.2 g 乙二胺四乙酸二钠（EDTA-2Na）、0.6 g NaOH 溶于 100 mL 纯水中，摇匀并贮存于棕色试剂瓶中。临用现配。

⑦*N*,*N*-二甲基对苯二胺溶液（ρ=2 g/L）：称取 2.0 g *N*,*N*-二甲基对苯二胺盐酸盐［$NH_2C_6H_4N(CH_3)_2 \cdot 2HCl$］溶于 700 mL 纯水中，缓慢加入 200 mL 硫酸（ρ = 1.84 g/mL），冷却后用纯水稀释至 1 000 mL，摇匀。此溶液室温下贮存于密闭的棕色瓶内，可稳定 3 个月。

⑧硫酸铁铵（$\rho = 100$ g/L）：称取 25.0 g 硫酸铁铵［$Fe(NH_4)(SO_4)_2 \cdot 12H_2O$］溶于 100 mL 纯水中，缓慢加入 5.0 mL 硫酸（$\rho = 1.84$ g/mL），冷却后用水稀释至 250 mL，摇匀。溶液如出现不溶物，应过滤后使用。

⑨硫化物标准使用液：将一定量硫化物标准溶液移入已加入 2.0 mL 1% NaOH 溶液和适量除氧去离子水的 100 mL 棕色容量瓶中，用除氧去离子水定容，配制成含 S^{2-}浓度为 10.00 mg/L 的硫化物标准使用液。临用现制。

3.12.4 实验步骤

（1）样品采集及保存

选取硫化物质量浓度约为 2 mg/L 的污水处理厂进水样品，同时再进行地下水与海水的采集，样品分 4 组保存：

①第 1 组不加固定剂。

②第 2 组采用 HJ 1226—2021 中样品保存方法：每升中性水样中加入 1 mL 4% NaOH 和 2 mL 5%乙酸锌。

③第 3 组按照《水和废水监测分析方法（第四版）》中的方法保存：每 100 mL 水样加 0.3 mL 摩尔浓度为 1 mol/L 的乙酸锌溶液和 0.6 mL 1% NaOH 溶液，硫化物含量较高时多加直至沉淀完全。

④第 4 组按《城镇污水水质标准检验方法》（CJ/T 51—2018）中的规定保存：采样时，将 pH 小于 8 的样品用氢氧化钠溶液调至 pH = 8，每 50 mL 加 1 mL 300 g/L 乙酸锌。

4 组样品经相同的保存时间后测定其硫化物回收率。

（2）样品前处理

采用亚甲基蓝分光光度法测定硫化物时，样品的前处理一般可分为“酸化—吹气—吸收”和“酸化—蒸馏—吸收”两种方式，样品前处理装置见图 3-1。

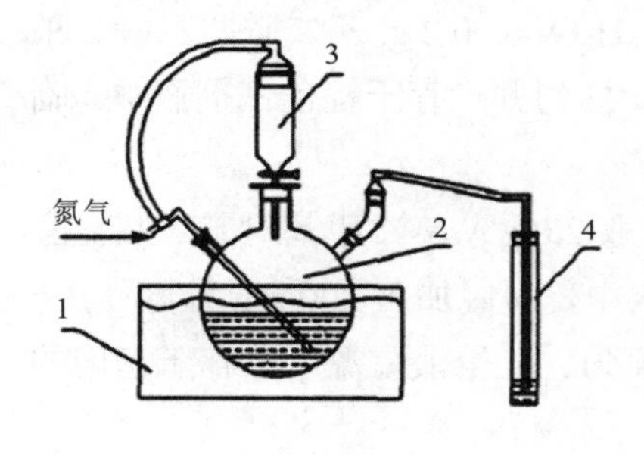

1—水浴；2—反应瓶；3—加酸分液漏斗；4—吸收管。

（a）“酸化—吹气—吸收”装置

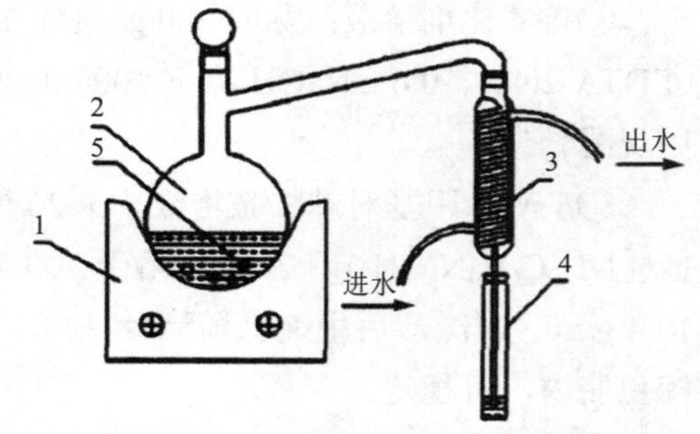

1—加热装置；2—蒸馏瓶；3—冷凝管；4—吸收管；5—防爆玻璃珠。

（b）“酸化—蒸馏—吸收”装置

图 3-1 样品前处理装置示意图

①“酸化—吹气—吸收”法。量取 200 mL 混匀的水样，或适量样品用除氧去离子水稀释至 200 mL，迅速转移至 500 mL 反应瓶中，再加入 5 mL 抗氧化剂

溶液，轻轻摇动。量取 20.0 mL 1% NaOH 溶液于 100 mL 吸收管中作为吸收液，插入导气管至吸收液液面以下，以保证吸收完全。连接好装置，开启水浴装置使温度升至 60～70℃。接通氮气调整流量至 300 mL/min，5 min 后，关闭气源。关闭加酸分液漏斗活塞，打开分液漏斗顶盖加入 10 mL（1+1）盐酸溶液后盖紧，缓慢旋开活塞，接通氮气，将反应瓶放入水浴装置中。维持氮气流量为 300 mL/min，连续吹气 30 min，撤下反应瓶，断开导气管，关闭气源。用少量除氧去离子水冲洗导气管，并入吸收液中，加除氧去离子水至约 60 mL，待测。

②“酸化—蒸馏—吸收”法。量取 200 mL 混匀的水样，或适量样品加除氧去离子水稀释至 200 mL，迅速转移至 500 mL 蒸馏瓶中，再加入 5 mL 抗氧化剂溶液，轻轻摇动，加数粒玻璃珠。量取 20.0 mL 1% NaOH 溶液于 100 mL 吸收管中作为吸收液，插入馏出液导管至吸收液液面以下，以保证吸收完全。打开冷凝水，向蒸馏瓶中迅速加入 10 mL 盐酸溶液，立即盖紧塞子，打开温控电炉，调节到适当的加热温度，以 2～4 mL/min 的馏出速度蒸馏。当吸收管中的溶液体积达到约 60 mL 时，撤下蒸馏瓶，取下吸收管，停止蒸馏。用少量除氧去离子水冲洗馏出液导管，并入吸收液中，待测。

本实验使用上述两种处理方式，在使用相同酸化剂 [10 mL（1+1）盐酸（*V*/*V*）] 和吸收液（20 mL 1% NaOH）的情况下，对实际地下水和海水样品添加浓度为 0.01 mg/L、0.05 mg/L、0.09 mg/L 的硫化物标准溶液进行加标回收实验。

（3）样品测量

取 6 支吸收管，各加入 20 mL 氢氧化钠吸收液，分别量取 0 mL、0.50 mL、1.00 mL、2.00 mL、4.00 mL、7.00 mL 硫化物标准使用溶液移入吸收管，加除氧去离子水至约 60 mL，沿吸收管壁缓慢加入 10 mL *N*,*N*-二甲基对苯二胺溶液，立即盖塞并缓慢倒转一次。拔塞，沿吸收管壁缓慢加入 1 mL 硫酸铁铵溶液，立即盖塞并充分摇匀。放置 10 min 后，用除氧去离子水定容至标线，摇匀。使用 10 mm 光程比色皿，以除氧去离子水作参比，在波长 665 nm 处测量吸光度。以硫化物的含量（μg）为横坐标，以扣除零浓度点后的吸光度值为纵坐标，建立高浓度标准曲线。然后测定样品的吸光度。

3.12.5　实验数据

实验数据记录在表 3-20 和表 3-21 中。

表 3-20 样品固定方法和保存时间对硫化物回收率的影响

保存时间/h	第 1 组	第 2 组	第 3 组	第 4 组
6				
24				
48				
72				
96				
120				

表 3-21 样品不同前处理方式的回收率　　单位：mg/L

样品编号	加标量 0.01 mg/L				加标量 0.05 mg/L				加标量 0.09 mg/L			
	吹气式		蒸馏式		吹气式		蒸馏式		吹气式		蒸馏式	
	地下水	海水	地下水	海水	地下水	海水	地下水	海水	地下水	海水	地下水	海水
1												
2												
3												
4												
5												
6												
平均值												
加标回收率/%												

3.12.6 实验结果

测定污水中硫化物时，加入显色剂 10 min 后即可比色，亚甲基蓝络合物至少可稳定 200 min 且可以适当降低显色剂的用量。样品采集时，可选择 1 mol/L 乙酸锌溶液或 5%乙酸锌-1.25%乙酸钠溶液和氢氧化钠溶液作为固定剂，固定后的样品可以保存 5 d，在 96 h 内测定为佳。

思考题

测定水中硫化物的直接显色分光光度法原理是什么？

第 4 章　土壤与固体废物监测

4.1　土壤与固体废物监测方案制定

4.1.1　实验目的

①监测土壤与固体废物环境质量现状，了解土壤与固体废物主要污染情况。

②为土壤与固体废物现状及土壤与固体废物污染评价提供实验依据。

③为土壤与固体废物环境管理提出合理建议。

4.1.2　现场调查和资料收集

①土壤与固体废物污染与所处的自然环境有关，如土壤与固体废物类型、土壤环境背景值；地表水和地下水、地质条件等。

②土壤与固体废物污染与社会环境有关，特别是工业生产与固体废物排放密切相关；与污染源分布、工农业空间布局有关。

③对于农业土地利用类型，调查资料包括施用农药、化肥的情况，农业机械的使用（油料、电池）等。

4.1.3　采样点的设置

根据实地考察结果，结合不同区域地形特点，采用不同的布点方案。

4.1.4　监测内容

①土壤基本理化指标：土壤干物质、水分；土壤溶解性矿物质盐、pH；土壤总有机碳、土壤热值；总氮、总磷、有效磷、有效钾。

②土壤重金属含量：Cu、Zn、Pb 等。

③固体废物热值测定。

4.1.5 分析方法

土壤常见指标测试方法见表4-1。

表4-1 土壤常见指标测试方法

监测项目	仪器	测定方法	方法来源
铜	原子吸收分光光度计	火焰原子吸收分光光度法	《土壤质量 铜、锌的测定 火焰原子吸收分光光度法》（GB/T 17138—1997）
锌	原子吸收分光光度计	火焰原子吸收分光光度法	
铅	原子吸收分光光度计	石墨炉火焰原子吸收分光光度法	《土壤质量 铅、镉的测定 石墨炉原子吸收分光光度法》（GB/T 17141—1997）
pH	pH计	pH测定	《全国土壤污染状况详查土壤样品分析测试方法技术规定》
总磷	分光光度计	钼锑抗光度法	《土壤全磷测定法》（NY/T 88—1988）
总氮	分光光度计	微量法	《土壤全氮测定法（半微量开氏法）》（NY/T 53—1987）
总有机碳		重铬酸钾容量滴定法	《全国土壤污染状况详查土壤样品分析测试方法技术规定》
水分	天平	重量法	《土壤水分测定法》（NY/T 52—1987）

4.1.6 采样时间和频次

为了解土壤与固体废物污染状况，可随时采集样品进行测定。如需同时掌握在土壤中生长的作物受污染状况，可依季节变化或作物收获期采集样品。

4.1.7 监测结果分析与评价

①检测标准：《土壤环境质量 农用地土壤污染风险管控标准（试行）》（GB 15618—2018）。

②评价方法：土壤单项污染指数法、土壤综合污染指数法。

4.1.8 监测报告

按照相应实验项目要求的格式认真撰写。

4.2　土壤样品采集及预处理

4.2.1　实验目的

①了解土壤样品采集方法。
②学习、掌握土壤样品预处理技术。

4.2.2　实验原理

4.2.2.1　布点方式

布点方式有以下 3 种，见图 4-1。

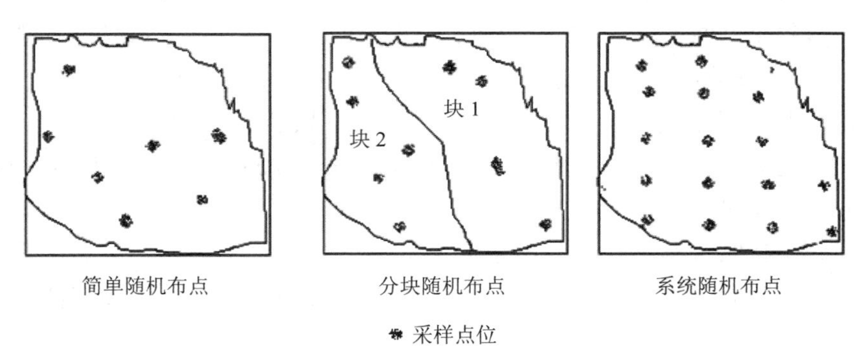

图 4-1　布点方式示意图

（1）简单随机

将监测单元分成网格，每个网格编上号码，决定采样点样品数后，随机抽取规定的样品数的样品，其样本号码对应的网格号，即为采样点。随机数的获得可以利用掷骰子、抽签、查随机数表的方法。关于随机数骰子的使用方法可参照《随机数的产生及其在产品质量抽样检验中的应用程序》（GB/T 10111—2008）。简单随机布点是一种完全不带主观限制条件的布点方法。

（2）分块随机

根据收集的资料，如果监测区域内的土壤有明显的几种类型，则可将区域分成几块，每块区域内污染物较均匀，每块之间的差异较明显。将每块作为一个监测单元，在每个监测单元内再随机布点。在正确分块的前提下，分块布点的代表性比简单随机布点好，如果分块不正确，分块布点的效果可能会适得其反。

（3）系统随机

将监测区域分成面积相等的几部分（网格划分），每网格内布设 1 个采样点，这种布点称为系统随机布点。如果区域内土壤污染物含量变化较大，系统随机布点比简单随机布点所采样品的代表性要好。

4.2.2.2　采样

采样点可采表层样或土壤剖面。一般监测采集表层土，采样深度 0～20 cm，特殊要求的监测（土壤背景、环评、污染事故等）必要时可选择部分采样点采集剖面样品。剖面的规格一般为长 1.5 m、宽 0.8 m、深 1.2 m。挖掘土壤剖面要使观察面向阳，表土和底土分两侧放置。

一般每个剖面采集 A、B、C 3 层土样，详见图 4-2。地下水位较高时，剖面挖至地下水出露时为止；山地丘陵土层较薄时，剖面挖至风化层。

对 B 层发育不完整（不发育）的山地土壤，只采 A、C 两层。

干旱地区剖面发育不完善的土壤，在表层 5～20 cm、心土层 50 cm、底土层 100 cm 左右采样。

水稻土按照 A 耕作层、P 犁底层、C 母质层（或 G 潜育层、W 潴育层）分层采样，对 P 层太薄的剖面，只采 A、C 两层（或 A、G 两层或 A、W 两层），详见图 4-3。

A 层（表层，淋溶层）
B 层（亚层，淀积层）
C 层（风化母岩层，母质层）

图 4-2　土壤剖面示意图

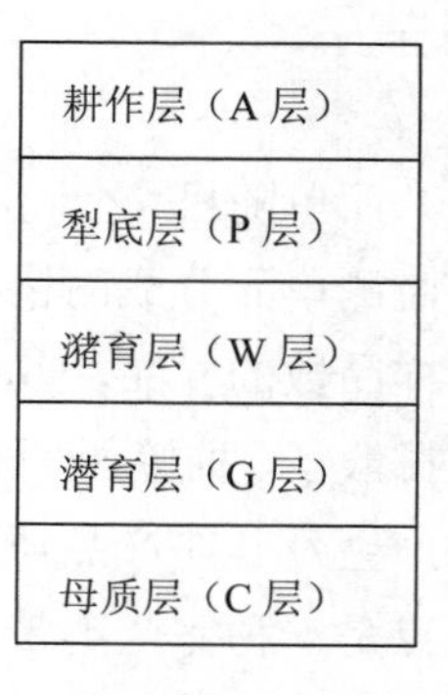

图 4-3　水稻土剖面示意图

4.2.2.3　土样的保存

对于含有易分解或易挥发等不稳定组分的样品要采取低温保存的运输方法，并尽快送到实验室分析测试。测试项目需要新鲜样品的土样，采集后用可密封的聚乙烯或玻璃容器在 4℃以下避光保存，样品要充满容器。避免用含有待测组分或对测试有干扰的材料制成的容器盛装保存样品，测定有机污染物用的土壤样品要选用玻璃容器保存。新鲜样品的保存条件和保存时间见表 4-2。

表 4-2　新鲜样品的保存条件和保存时间

测试项目	容器材质	温度/℃	可保存时间/d	备注
金属（汞和六价铬除外）	聚乙烯、玻璃	＜4	180	
汞	玻璃	＜4	28	
砷	聚乙烯、玻璃	＜4	180	
六价铬	聚乙烯、玻璃	＜4	1	
氰化物	聚乙烯、玻璃	＜4	2	
挥发性有机物	玻璃（棕色）	＜4	7	采样瓶装满、装实并密封
半挥发性有机物	玻璃（棕色）	＜4	10	采样瓶装满、装实并密封
难挥发性有机物	玻璃（棕色）	＜4	14	

4.2.3　实验仪器

土壤采样器、聚乙烯瓶、玻璃瓶等，具体见后文。

4.2.4　实验样品预处理

（1）风干

采集回来的土壤样品必须尽快进行干燥，即将取回的土壤样品置于阴凉、通风且无阳光直射的房间内，并将样品平铺于晾土架、油布、牛皮纸或塑料布上，铺成薄薄的一层自然风干。风干供微量元素分析使用的土壤样品时，要特别注意不能用含铅的旧报纸或含铁的器皿衬垫。干燥过程也可以在低于 40℃并有空气流通的条件下进行（如鼓风干燥箱内）。当土壤样品达到半干状态时，需将大土块（尤其是黏性土壤）碾碎，以免其完全风干后结成硬块不易压碎。此外，土壤样品的风干场所要求能防止酸性、碱性气体及灰尘污染。某些土壤性状（如土壤酸碱度、氧化还原电位等）在风干的过程中会发生显著的变化，因而这些分析项目需用新鲜的土壤样品进行测定，不需风干，但新鲜土壤样品较难压碎和混匀，称样误差比较大，因而需采用较大称样量或较多次的平行测定，才能得到较为可靠的平均值。

（2）分选

若取回的土壤样品太多，需将土壤样品混匀后平铺于塑料薄膜上摊成厚薄一致的圆形，用“四分法”去掉一部分土壤样品，最后留取 0.5～1 kg 待用。

（3）挑拣

样品风干及分选过程中应随时将土壤样品中的侵入体、新生体和植物残渣挑拣出去。如果挑拣的杂物太多，应将其挑拣于器皿内，分类称其质量，同时称量剩余土壤样品的质量，折算出不同类型杂质的百分率，并做好记录。细小已断的植物根系，可以在土壤样品磨细前利用静电或微风吹的方法清除干净。

（4）研磨

风干后的土壤样品平铺，用木碾轻轻碾压，将碾碎的土壤样品用带有筛底和筛盖的 1 mm 筛孔的筛子过筛。未通过筛子的土粒，铺开后再次碾压过筛，直至所有土壤样品全部过筛，只剩下砾石为止。将剩余的砾石挑拣并入砾石中处理，切勿碾碎。通过 1 mm 筛孔的土壤样品进一步混匀，并用“四分法”分为两份，一份供物理性状分析用，另一份供化学性状分析用。某些土壤性状（如土壤 pH、交换性能及速效养分等）在测定时，如果土壤样品研磨太细，则容易破坏土壤矿物晶粒，使分析结果偏高。因而在研磨过程中只能用木碾滚压，使得由土壤黏土矿物或腐殖质胶结起来的土壤团粒或结粒破碎，而不能用金属锤捶打以致破坏单个的矿物晶粒，暴露出新的表面，增加有效养分的浸出。某些土壤性状（如土壤硅、铁、铝、有机质及全氮等）在测定时，为了使得样品容易分解或熔化，需要将样品磨得更细。

（5）过筛

通过 1 mm 筛孔的用于化学分析的土壤样品，采用“四分法”或者“多点法”分取样品，通过研磨使其成为不同粒径的土壤样品，以满足不同分析项目的测定要求。应该注意的是，供微量金属元素测定的土壤样品要用尼龙筛子过筛，而不能使用金属筛子，以免污染样品，而且每次分取的土壤样品需全部通过筛孔，绝不允许将难以磨细的粗粒部分弃去，否则将造成样品组成改变而失去原有的代表性。具体过筛程序如下：

①通过 0.5 mm 筛孔：取部分通过 1 mm 筛孔的土壤样品，经过研磨使其通过 0.5 mm 筛孔，通不过的样品再研磨过筛，直至全部通过为止。过筛后的土壤样品可测定碳酸钙含量。

②通过 0.25 mm 筛孔：取部分通过 0.5 mm 或 1 mm 筛孔的土壤样品，经过研磨使其全部通过 0.25 mm 筛孔，做法同①。此样品可测定土壤有机质、全氮、全磷及碱解氮等项目。

③通过 0.149 mm 筛孔：取部分通过 0.25 mm 筛孔的土壤样品，经过研磨使其全部通过 0.149 mm 筛孔，做法同②。此样品可测定土壤有机质。

（6）装瓶

过筛后的土壤样品经充分混匀，装入具磨塞的广口瓶、塑料瓶内，或装入牛皮纸袋内，容器内、外各具标签一张，标签上注明编号、采样地点、土壤名称、土壤深度、筛孔、采样日期和采样者等信息。所有样品处理完毕之后，登记注册。一般土壤样品可保存半年到 1 年，待全部分析工作结束之后，分析数据核对无误，才能丢弃。此外，还需注意样品存放应避免阳光直射，防高温，防潮湿，且无酸、碱和不洁气体等，以免对土壤样品造成影响。

4.2.5　实验步骤

（1）采样

确定采样点后，使用土壤采样器采集表层土，采样深度为 0～20 cm，迅速装入采样袋，做好采样记录，及时带回实验室预处理。

（2）预处理

按照进一步检测指标的要求，对土壤样品进行风干、烘干等预处理。

（3）保存

按照表 4-2 的保存条件，对土壤样品进行保存。

4.2.6　实验数据

剖面每层样品采集 1 kg 左右，装入样品袋，样品袋一般由棉布缝制而成，如潮湿样品可内衬塑料袋（用于测定无机化合物）或将样品置于玻璃瓶内（用于测定有机化合物）。采样的同时，由专人填写样品标签、采样记录；标签一式两份，一份放入袋中，一份系在袋口，标签样式见表 4-3。标签上标注采样日期、采样地点、样品编号、监测项目、采样深度、采样层次等信息。采样结束，需逐项检查采样记录、样袋标签和土壤样品，如有缺项和错误，要及时补齐、更正。将底土和表土按原层回填到采样坑中后，方可离开现场，并在采样示意图上标出采样地点，避免下次在相同地点采集剖面样。

标签和样品记录格式见表 4-3 和表 4-4。

表 4-3　土壤样品标签样式

土壤样品标签		
样品编号：		
采用地点：	东经	北纬
采样层次：		
特征描述：		
采样深度：	cm	
监测项目：		
采样日期：		
采样人员：		

表 4-4　土壤现场记录

<table>
<tr><td colspan="2">采用地点</td><td></td><td>东经</td><td></td><td>北纬</td><td></td></tr>
<tr><td colspan="2">样品编号</td><td></td><td colspan="2">采样日期</td><td colspan="2"></td></tr>
<tr><td colspan="2">样品类别</td><td></td><td colspan="2">采样人员</td><td colspan="2"></td></tr>
<tr><td colspan="2">采样层次</td><td></td><td colspan="2">采样深度/cm</td><td colspan="2"></td></tr>
<tr><td rowspan="3">样品描述</td><td>土壤颜色</td><td></td><td colspan="2">植物根系</td><td colspan="2"></td></tr>
<tr><td>土壤质地</td><td></td><td colspan="2">沙砾含量</td><td colspan="2"></td></tr>
<tr><td>土壤湿度</td><td></td><td colspan="2">其他异物</td><td colspan="2"></td></tr>
<tr><td colspan="2">采样点示意图</td><td colspan="2"></td><td>自下而上植被描述</td><td colspan="2"></td></tr>
</table>

4.2.7　注意事项

①土壤颜色可采用门塞尔比色卡比色，也可按土壤颜色三角表（图 4-4）进行描述。颜色描述可采用双名法，主色在后，副色在前，如黄棕、灰棕等。颜色深浅还可冠以暗、淡等形容词，如浅棕、暗灰等。

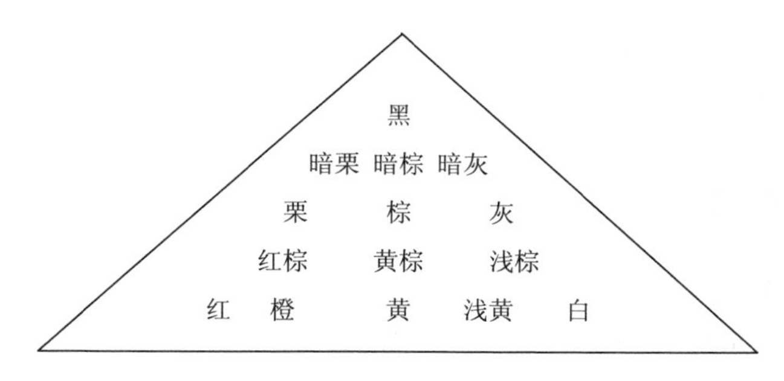

图 4-4　土壤颜色三角表

②土壤质地分为砂土、壤土（沙壤土、轻壤土、中壤土、重壤土）和黏土，野外估测方法为取小块土壤，加水湿润，然后揉搓，搓成细条并弯成直径为 2.5～3 cm 的土环，据土环表现的性状确定质地。

- 砂土：不能搓成条。
- 沙壤土：只能搓成短条。
- 轻壤土：能搓成直径为 3 mm 的条，但易断裂。
- 中壤土：能搓成完整的细条，弯曲时容易断裂。
- 重壤土：能搓成完整的细条，弯曲成圆圈时容易断裂。
- 黏土：能搓成完整的细条，能弯曲成圆圈。

③土壤湿度的野外估测，一般可分为如下 5 级。

- 干：土块放在手中，无潮润感觉。
- 潮：土块放在手中，有潮润感觉。
- 湿：手捏土块时，在土团上塑有手印。
- 重潮：手捏土块时，在手指上留有湿印。
- 极潮：手捏土块时，有水流出。

④植物根系含量的估计可分为如下 5 级。

- 无根系：在该土层中无任何根系。
- 少量：在该土层每 50 cm^2 内少于 5 根。
- 中量：在该土层每 50 cm^2 内有 5～15 根。
- 多量：在该土层每 50 cm^2 内多于 15 根。
- 根密集：在该土层中根系密集交织。

⑤石砾含量以石砾占该土层的体积百分数估计。

4.3 土壤干物质和水分的测定

4.3.1 实验目的

①了解土壤干物质和水分的定义。

②掌握土壤干物质和水分测定的原理和方法。

4.3.2 实验原理

（1）基本概念

①干物质含量：指在土壤中干残留物的质量分数。

②水分含量：指在 105℃下从土壤中蒸发的水的质量占干物质的质量分数。

③恒重：指样品烘干后，再以 4 h 的烘干时间间隔对冷却后的样品进行两次连续称重，两次称量的差值不超过最终测定质量的 0.1%，此时的质量即为恒重。

（2）方法原理

土壤样品在（105±5）℃烘干至恒重，以烘干前后的土样质量差值计算干物质和水分的含量，用质量分数表示。

4.3.3 实验试剂及仪器

（1）实验试剂

去除 CO_2 水，变色硅胶。

（2）实验仪器

①鼓风干燥箱：（105±5）℃。

②分析天平：精度 0.1 mg。

4.3.4 实验样品预处理

（1）新鲜土壤试样的制备

取适量新鲜土壤样品撒在干净、不吸收水分的玻璃板上，充分混匀，去除直径大于 2 mm 的石块、树枝等杂质，待测。

（2）风干土壤试样的制备

取适量新鲜土壤样品平铺在干净的搪瓷盘或玻璃板上，避免阳光直射，且环境温度不超过 40℃，自然风干，去除石块、树枝等杂质，过 2 mm 样品筛。将直径大于 2 mm 的土块粉碎后过 2 mm 样品筛，混匀，待测。

4.3.5　实验步骤

（1）新鲜土壤样品的测定

具盖容器和盖子于（105±5）℃下烘干 1 h，待容器和盖子稍冷却，盖好盖子，然后置于干燥器中冷却至少 45 min，测定带盖容器的质量（m_0），精确至 0.1 g。用样品勺将 30～40 g 新鲜土壤试样转移至已称重的具盖容器中，盖上容器盖，测定总质量（m_1），精确至 0.1 g。取下容器盖，将容器和新鲜土壤试样一并放入烘箱中，在（105±5）℃下烘干至恒重，同时烘干容器盖。盖上容器盖，置于干燥器中冷却至少 45 min，取出后立即测定带盖容器和烘干土壤的总质量（m_2），精确至 0.1 g。

（2）风干土壤样品的测定

具盖容器和盖子于（105±5）℃下烘干 1 h，待容器和盖子稍冷却，盖好盖子，然后置于干燥器中冷却至少 45 min，测定带盖容器的质量（m_0），精确至 0.1 g。用样品勺将 10～15 g 风干土壤试样转移至已称重的具盖容器中，盖上容器盖，测定总质量（m_1），精确至 0.1 g。取下容器盖，将容器和风干土壤试样一并放入烘箱中，在（105±5）℃下烘干至恒重，同时烘干容器盖。盖上容器盖，置于干燥器中冷却至少 45 min，取出后立即测定带盖容器和烘干土壤的总质量（m_2），精确至 0.1 g。

4.3.6　实验数据

实验数据记录在表 4-5 中。

表 4-5　实验原始数据记录

样品编号	m_0/g	m_1/g	m_2/g	干物质/%	含水量/%

4.3.7 实验结果

（1）计算公式

土壤样品中的干物质含量（W_{dm}）和含水量（W_{H_2O}）分别按照如下公式进行计算。

$$W_{dm}=\frac{m_2-m_1}{m_1-m_0}\times 100$$

$$W_{H_2O}=\frac{m_1-m_2}{m_2-m_0}\times 100$$

式中，W_{dm} —— 土壤样品中的干物质含量，%；

W_{H_2O} —— 土壤样品的含水量，%；

m_0 —— 带盖容器的质量，g；

m_1 —— 带盖容器及风干土壤试样或带盖容器及新鲜土壤试样的总质量，g；

m_2 —— 带盖容器及烘干土壤的总质量，g。

测定结果精确至 0.1%。

（2）数据要求

测定风干土壤样品，当干物质含量＞96%，含水量≤4%时，两次测定结果之差的绝对值应≤0.2%（质量分数）；当干物质含量≤96%，含水量＞4%时，两次测定结果的相对偏差应≤0.5%。

测定新鲜土壤样品，水分含量≤30%时，两次测定结果之差的绝对值应≤1.5%（质量分数）；水分含量＞30%时，两次测定结果的相对偏差应≤5%。

4.3.8 注意事项

①一般情况下，大部分土壤的干燥时间为 16～24 h，少数特殊土壤样品和大颗粒土壤样品需要更长时间。

②测定样品中的微量有机污染物时不能去除石块、树枝等杂质。因此，测定其干物质含量时也不应剔除石块、树枝等杂质。

③应尽快分析待测试样，以减少其水分的蒸发。

④实验过程中尽量避免具盖容器内的土壤颗粒被风吹出。

⑤一些矿物质（如石膏）在 105℃干燥时会损失结晶水。

⑥如果样品中含有挥发性物质，不能用本方法测定其水分含量。

思考题

（1）土壤含水量是基于什么物质质量计算的？计算值可能出现什么情况？
（2）简单分析误差产生的原因。

4.4　土壤溶解性矿物盐的测定——浸提液 pH、电导率

4.4.1　实验目的

①理解土壤浸提液 pH、电导率测定的意义。
②掌握土壤浸提液的提取方法。
③复习酸度计、电导率仪的使用。

4.4.2　实验原理

土壤盐分状况的定量表述是确定土壤盐渍化程度以及进行盐渍土改良应用的基础。我国常用土壤含盐百分数表示盐渍度，国外一般直接用电导率表示土壤的盐渍程度。目前，国内外在测定土壤电导率时，普遍采用的是浸提法。土壤浸提液中各种盐分的绝对含量和相对含量受土液比的影响较大，在分析测定中饱和土浆和土液比为 1∶5 的浸提液使用较多。

土壤 pH 是反映土壤质量的重要理化指标，对土壤的其他性质有深刻的影响。土壤酸碱性受气候、土壤母质、植被以及人为因素等影响，通过土壤风化淋溶、水盐运动、酸性或碱性肥料的施用等作用最终形成不同的土壤 pH。土壤 pH 测定受土液比例影响较大，尤其对于石灰性土壤稀释效应的影响更为显著，以采取小土液比为宜，本实验测定土壤 pH 选定 1∶1 的土液比例。同时，酸性土壤除测定水浸土壤 pH 外，还应测定盐浸 pH，即以 1 mol/L 氯化钾溶液浸取土壤后测定。在农业标准土壤检测部分中规定以土液比 1∶2.5 浸提液测定。

4.4.3　实验试剂及仪器

（1）实验试剂

①无二氧化碳水，在 25℃时电导率不大于 0.2 mS/m，pH 大于 5.6。

②氯化钾溶液，1 mol/L。

③氯化钙溶液，0.01 mol/L。

④缓冲溶液，至少两种以上缓冲溶液校准 pH 计。

（2）实验仪器

①摇床。

②精密 pH 计。

③电导率仪。

4.4.4 实验步骤

4.4.4.1 土壤矿物盐的测定

称取通过 2 mm 筛的风干土样 20 g（精确至 0.1 mg），置于干燥的锥形瓶中，加入 100.00 mL 无二氧化碳水（土液比 1∶5），加塞，在摇床上振荡 3 min，然后于 5 000 r/min 条件下离心 5 min，取得清澈透明的待测浸出溶液，用电导率仪测定土壤浸提液的电导率。

4.4.4.2 土壤 pH 的测定

（1）土壤水浸液 pH 的测定

称取通过 2 mm 筛的风干土样 20 g（精确至 0.1 mg），置于干燥的高型烧杯中，加入去除 CO_2 的蒸馏水 100.00 mL（土液比为 1∶5），将容器密封后，用磁力搅拌器搅拌 1 min，使土粒充分分散，静置 30 min 后进行 pH 测定。

（2）土壤的氯化钾盐浸提液 pH 的测定

当土壤水浸液 pH<7 时，应测定土壤盐浸提液的 pH。测定方法除将 1 mol/L 氯化钾溶液代替无 CO_2 水以外，土液比为 1∶1，其他测定步骤与水浸液 pH 测定相同。

4.4.5 实验数据

实验原始数据记录在表 4-6 中。

表 4-6　实验原始数据

样品编号	电导率/（mS/cm）	水浸液 pH	盐浸提液 pH

4.4.6　实验结果及分析

将实验结果进行归类分析，并与相应标准对比得出土壤类型等结论。

4.4.7　注意事项

电导法测定土壤水溶性盐含量简便快速，测定结果直接以电导率表示，不必换算成全盐含量。用 1∶5 土液比的浸提液，其电导率与土壤全盐量和作物生长关系的指标正在拟定，一般认为电导率小于 1.8 mS/cm 为非盐渍土，电导率在 1.8～2.0 mS/cm 为可疑，电导率大于 2.0 mS/cm 为盐渍化土。

思考题

（1）土壤矿物盐测定时土液比为 1∶5，除此之外还有没有其他比例？
（2）土壤酸化对土壤有何具体影响？
（3）土壤盐度测定方法还有哪些？

4.5　土壤有机碳的测定

4.5.1　实验目的

①掌握土壤有机碳的含义及测定原理。
②掌握土壤有机碳的测定方法。

4.5.2 实验原理

在加热条件下，土壤样品中的有机碳被过量重铬酸钾-硫酸溶液氧化，重铬酸钾中的六价铬（Cr^{6+}）被还原为三价铬（Cr^{3+}），其含量与样品中有机碳含量成正比，于 585 nm 波长处测定吸光度，根据三价铬的含量计算土壤有机碳含量。

土壤中的亚铁离子（Fe^{2+}）会导致有机碳的测定结果偏高。可在试样制备过程中将土壤样品摊成 2～3 cm 的薄层，在空气中暴露使得亚铁离子（Fe^{2+}）氧化成三价铁离子（Fe^{3+}）以消除干扰。土壤中的氯离子（Cl^{-}）会使土壤有机碳的测定结果偏高，通过加入适量硫酸汞消除干扰。

本方法不适用于氯离子（Cl^{-}）含量大于 2.0×10^{-4} mg/kg 的盐渍土或盐碱化土壤的测定。当样品量为 0.5 g 时，本方法检出限为 0.06%（以干重计），测定下限为 0.24%（以干重计）。

4.5.3 实验仪器及试剂

（1）实验仪器

①分光光度计：具 585 nm 波长，并配有 10 mm 比色皿。

②天平：精度为 0.1 mg。

③恒温加热器：温控精度为（135±2）℃。恒温加热器带有加热孔，其孔深应高出具塞消解玻璃管内液面约 10 mm，且具塞消解玻璃管露出加热孔部分约 150 mm。

④具塞消解玻璃管：具有 100 mL 刻度线，管径为 35～45 mm。

⑤离心机：0～3 000 r/min，配有 100 mL 离心管。

⑥土壤筛：2 mm（10 目）、0.25 mm（60 目），不锈钢材质。

⑦一般实验室常用仪器和设备。

（2）实验试剂

分析时均采用符合国家标准的分析纯化学试剂，实验用水为在 25℃下电导率≤0.2 mS/m 的去离子水或蒸馏水。

①硫酸：ρ=1.84 g/mL。

②硫酸汞。

③重铬酸钾溶液（c = 0.27 mol/L）：称取 80.00 g 重铬酸钾（$K_2Cr_2O_7$）溶于适量水中，溶解后移至 1 000 mL 容量瓶，加水定容，摇匀。该溶液贮存于试剂瓶中，4℃下保存。

④葡萄糖标准使用液（ρ= 10.00 g/L）：称取 10.00 g 葡萄糖（$C_6H_{12}O_6$）溶于适量水中，溶解后转移至 1 000 mL 容量瓶，加水定容，摇匀。该溶液贮存于试剂瓶中，有效期为 1 个月。

4.5.4　实验样品预处理

将土壤样品置于洁净的白色托盘中，平摊成 2～3 cm 薄层。先剔除植物与昆虫残体、石块等，用木槌压碎土块，自然风干，风干时每天翻动几次。充分混匀风干土样，采用四分法，取其两份，一份留存，一份通过 2 mm 土壤筛用于测定土壤干物质。过 2 mm 筛的土壤样品取出 10～20 g 进一步细磨，过 60 目（0.25 mm）筛，装入棕色具塞玻璃瓶中，待测。

土壤干物质含量的测定：准确称取适量风干土壤，参照《土壤　干物质和水分的测定　重量法》（HJ 613—2011）测定干物质的含量。

4.5.5　实验步骤

（1）标准曲线的绘制

①分别量取 0 mL、0.50 mL、1.00 mL、2.00 mL 和 4.00 mL 葡萄糖标准使用液于 50 mL 具塞消解玻璃管中，其对应有机碳质量分别为 0 mg、1.00 mg、8.00 mg、16.0 mg 和 32.0 mg。

②分别加入 0.05 g 硫酸汞和 2.50 mL 重铬酸钾溶液，摇匀。再缓慢加入 4.0 mL 硫酸，轻轻摇匀。

③开启恒温加热器，设置温度 135℃。当温度升至接近 100℃时，将上述具塞消解玻璃管开塞放入恒温加热器的加热孔中，温度达到 135℃时开始计时，加热 30 min。然后关闭恒温加热器，取出具塞消解玻璃管水浴冷却至室温。向每个具塞消解玻璃管中缓缓加入约 25 mL 水，继续冷却至室温。再用水定容至 50 mL 刻度线，加塞摇匀。

④于波长 585 nm 处，用 10 mm 比色皿，以水为参比，分别测量吸光度。

⑤以零浓度校正吸光度为纵坐标，以对应的有机碳含量（mg）为横坐标，绘制校准曲线。

（2）样品的测定

准确称取适量试样，小心加至 50 mL 具塞消解玻璃管中，避免粘壁。按绘制标准曲线的步骤加入试剂，进行消解、冷却、定容。定容后静置 1 h，取约 40 mL

上清液至离心管中以 2 000 r/min 离心 10 min，再静置澄清；或在具塞消解玻璃管内直接静置澄清。最后取上清液在 585 nm 波长处，以 10 mm 比色皿测量吸光度。

由于土壤样品的复杂性，为避免测得的吸光度过大，样品测试时应分 3 组进行。土壤有机碳含量与试样取样量的对应关系见表 4-7。

表 4-7 土壤有机碳含量与试样取样量的对应关系

土壤有机碳含量/%	0.00～4.00	4.00～8.00	8.00～16.00
试样取样量/g	0.200 0～0.250 0	0.100 0～0.125 0	0.050 0～0.062 5

（3）空白实验

在具塞消解玻璃管中不加入试样，按上述步骤进行测定。

4.5.6 实验数据

实验数据记录在表 4-8 中。

表 4-8 实验数据记录表

采样位置：				土样编号	
取样量/g	吸光度	定容体积/mL	土壤有机碳浓度/（mg/L）	土壤有机碳质量/g	土壤有机碳质量分数含量/%

4.5.7 实验结果

土壤的有机碳含量按下述公式进行计算：

$$m_1 = \frac{W_{dm}}{100}$$

$$\omega_{oc} = \frac{A - A_0 - a}{b \times m_1 \times 1\,000} \times 100\%$$

式中，m_1 —— 试样中干物质的质量，g；

W_{dm} —— 土壤干物质含量（质量分数），%；

ω_{oc} —— 土壤样品有机碳含量（以干重计，质量分数），%；

A —— 试样消解液的吸光度；

A_0 —— 空白实验的吸光度；

a —— 校准曲线的截距；

b —— 校准曲线的斜率。

结果表示需注意：当测定结果<1.00%时，保留小数点后两位；当测定结果≥1.00%时，保留 3 位有效数字。

4.5.7　注意事项

硫酸具有较强的化学腐蚀性，操作时应按规定要求佩戴防护器具，避免与皮肤、衣物接触。样品消解及打开应在通风橱内操作。废液应集中处理。

思考题

（1）土壤有机碳的含义，其代表了土壤的什么特性？

（2）土壤有机碳还有哪些测定方法？

4.6　土壤中 Cu、Zn、Pb 的测定

4.6.1　实验目的

①了解土壤重金属污染对土壤和生物的危害。

②掌握土壤消解及其前处理技术和原子吸收光谱仪分析土壤重金属元素的方法。

③掌握土壤重金属污染的评价方法。

4.6.2　实验原理

一个原子可具有多种能级状态，在正常状态下，原子处于最低能态，即基态。原子在两个能级之间的跃迁伴随能量的发射和吸收，当原子受外界能量激发时，

其最外层电子可能跃迁到不同能级，因此可能具有不同的激发态。电子从基态跃迁到能量最低的激发态（称为第一激发态）时要吸收一定频率的光，由于激发态不稳定，电子会在很短的时间内跃迁返回基态，并发射出同样频率的光（谱线），这种谱线称为共振发射线（简称共振线）。使电子从基态跃迁至第一激发态所产生的吸收谱线称为共振吸收线（也简称为共振线）。其过程如下：

$$\underset{MX}{\text{试液}}\xrightarrow[\text{雾化成气溶胶}]{\text{负压吸入后}}\text{M（基态原子，气态）}+\text{X（气态）}\xrightarrow{\text{吸收一定光辐射}}\text{跃迁到较高能级}$$

根据 $\Delta E=h\nu=hc/\lambda$ 可知，由于各种元素的原子结构及其外层电子排布不同，核外电子从基态受激发而跃迁到第一激发态所需要的能量不同，同样，由第一激发态跃迁回基态时所发射的能量也不同，因而各种元素的共振线不同而各有其特征性，所以这种共振线是元素的特征谱线。一般情况下，原子外层电子由基态跃迁至第一激发态所需能量最低，最容易发生，其所对应的吸收谱线称为第一共振吸收谱线（主共振线），见图 4-5。因此，对大多数元素来说，共振线就是元素的灵敏线。原子吸收分析就是利用处于基态的待测元素原子蒸气对从光源辐射的共振线的吸收来进行分析的。

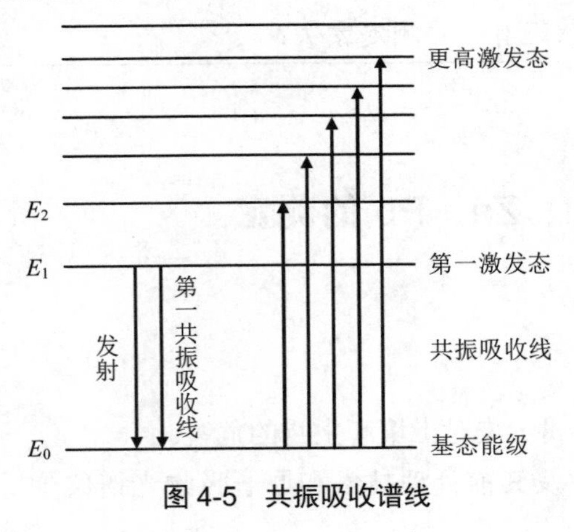

图 4-5 共振吸收谱线

4.6.3 实验试剂及仪器

（1）实验试剂

①浓硝酸（16 mol/L）。

②浓盐酸（12 mol/L）。

③氢氟酸（40%）。

④高氯酸（70%～72%）。

⑤Cu、Zn、Pb 标准溶液（1 000 mg/L）。

（2）实验仪器

①原子吸收分光光度计。

②微波消解仪或电热板。

③分析天平。

④聚四氟乙烯坩埚。

4.6.4　实验样品预处理

（1）采样

土壤样品取样深度为 0～20 cm，先将所取土样自然风干，去除土样中的石子和动植物残体等异物，土壤粉碎机将大颗粒土块粉碎，过 200 目标准筛后备用。

（2）样品前处理

土壤样品中重金属总量提取采用《土壤质量　铅、镉的测定　石墨炉原子吸收分光光度法》（GB/T 17141—1997）规定的 $HCl-HNO_3-HF-HClO_4$ 方法消解。

4.6.5　实验步骤

4.6.5.1　土样消解

①准确称取 0.1 g（精确至 0.1 mg）制备好的土壤样品于聚四氟乙烯坩埚中，用超纯水润湿后，加入 10 mL HCl，于电热板上用 210℃加热，蒸发至约剩 5 mL，溶液呈黄褐色。

②加入 10 mL HNO_3，加入 HNO_3 时会产生黄褐色烟气，继续加热蒸至近黏稠状。

③加入 5～10 mL HF（30%），继续加热。为了达到良好的除硅效果应经常摇动坩埚，此时液体颜色会由深黄色变至浅黄色，坩埚底部沉淀物逐渐消失。

④继续加入 5 mL $HClO_4$。此时溶液会呈无色或非常浅的黄色，并冒白烟，加热至白烟冒尽。

⑤用稀酸溶液冲洗内壁及坩埚盖，温热溶解残渣，冷却后，将消解好的溶液用超纯水洗出至容量瓶，定容至 50 mL。

4.6.5.2 重金属测定

消解完成的土壤样品，通过原子吸收分光光度法测定Pb、Cu及Zn含量，其中Pb的测定采用石墨炉原子吸收分光光度法；Cu、Zn的测定采用火焰原子吸收分光光度法，原子吸收分光光度法测定条件见表4-9。

表4-9 原子吸收分光光度法测定条件

石墨炉原子吸收分光光度法测定条件		火焰法原子吸收分光光度法测定条件		
参数及升温程序	铅	参数	铜	锌
波长/nm	283.3	灯电流/mA	12	12
狭缝/nm	0.7 L	波长/nm	324.8	213.9
干燥温度/℃，时间/s	90～120，30	狭缝/nm	0.7	0.7
灰化温度/℃，时间/s	800，25	乙炔/空气流量/（L/min）	1.8/17.0	1.6/17.0
原子化温度/℃，时间/s	1 500，0			
清除温度/℃，时间/s	2 200，3			

（1）标准曲线的绘制

配制一系列铅标准溶液，浓度分别为 0 μg/mL、0.5 μg/mL、1.0 μg/mL、1.5 μg/mL和2.0 μg/mL，测定相应吸光度值，以吸光度A为纵坐标，铅浓度为横坐标，绘制标准曲线，计算曲线方程。

（2）样品测定

测定样品吸光度值，计算样品重金属浓度。

4.6.6 实验数据

实验数据记录在表4-10中。

表4-10 实验数据记录

样品编号	标样1	标样2	标样3	标样4	标样5	未知样1	未知样2	未知样3
标样浓度/（μg/mL）	0	0.5	1.0	1.5	2.0			
吸光度								
标准曲线								
未知样浓度								

4.6.7 实验结果

①土壤中 Pb、Cu、Zn 含量。

②根据《土壤环境质量 农用地土壤污染风险管控标准》（GB 15618—2018）对土壤重金属 Pb、Cu、Zn 进行等级评价。

4.6.8 注意事项

①控制原子吸收分光光度计升温程序，升温过快反应物易溢出或炭化。

②土壤消解物消化不足时呈灰白色，应补加少量 $HClO_4$，继续消解。$HClO_4$ 对空白影响较大，要控制用量。

③$HClO_4$ 具有氧化性，应待土壤里大部分有机质消解完全冷却后加入，否则会使样品溅出或爆炸，使用时务必小心。

④对于含有机质较多的土样应在加入 $HClO_4$ 之后加盖消解，土壤分解物应呈白色或淡黄色（含铁较高的土壤），倾斜坩埚时呈不流动的黏稠状。

思考题

（1）土壤重金属污染评价方法有哪些？

（2）叙述原子吸收光谱仪的构造及原理。

4.7 土壤中 Cd 的测定——电感耦合等离子体质谱法

4.7.1 实验目的

①掌握 ICP-MS 测定土壤中重金属的原理和方法。

②掌握土壤王水提取消解方法。

4.7.2 实验原理

土壤和沉积物样品用盐酸-硝酸（王水）混合溶液经电热板或微波消解仪消解后，用电感耦合等离子体质谱仪进行检测。根据元素的质谱图或特征离子进行定性，内标法定量。

试样由载气带入雾化系统进行雾化后，目标元素以气溶胶形式进入等离子体的轴向通道，在高温和惰性气体中被充分蒸发、解离、原子化和电离，转化成带电荷的正离子经离子采集系统进入质谱仪，质谱仪根据离子的质荷比进行分离并定性、定量分析。在一定浓度范围内，离子的质荷比所对应的响应值与其浓度成正比。

4.7.3 实验试剂及仪器

（1）实验试剂

①盐酸（HC1）：$\rho = 1.19$ g/mL，优级纯。

②硝酸（HNO_3）：$\rho = 1.42$ g/mL，优级纯。

③盐酸-硝酸溶液（王水）：3+1，用①和②配制。

④硝酸溶液（HNO_3）：浓度为 0.5 mol/L，用②配制。

⑤硝酸溶液：2+98，用②配制。

⑥硝酸溶液：1+4，用②配制。

⑦标准溶液：用高纯度的金属（纯度大于 99.99%）或金属盐类（基准或高纯试剂）配制成 100～1 000 mg/L 含硝酸溶液④的标准储备溶液，溶液酸度保持在 1.0%（*V*/*V*）以上。也可购买市售有证标准物质。

⑧慢速定量滤纸。

⑨载气：氩气，纯度大于 99.999%。

（2）实验仪器

①电感耦合等离子体质谱仪：能够扫描的质量范围为 5～250 amu，分辨率在 10%峰，高处的峰宽应介于 0.6～0.8 amu。

②温控电热板：控制精度 ±0.2℃，最高温度可设定至 250℃。

③微波消解仪：输出功率 1 000～1 600 W。具有可编程控制功能，可对温度、压力和时间（升温时间和保持时间）进行全程监控；具有安全防护功能。

④分析天平：精度为 0.000 1 g。

⑤聚四氟乙烯密闭消解罐：可抗压、耐酸、耐腐蚀，具有泄压功能。

⑥锥形瓶：100 mL。

⑦玻璃漏斗。

⑧容量瓶：50 mL。

⑨尼龙筛：0.15 mm（100 目）。

4.7.4　实验步骤

（1）样品预处理

将采集的土壤样品（一般不少 500 g）混匀后用四分法缩分至约 100 g。缩分后的土样经风干（自然风干或冷冻干燥）后，除去土样中的石子和动、植物残体等异物，用木棒（或玛瑙棒）研压，通过 2 mm 尼龙筛（除去粒径为 2 mm 以上的沙砾），混匀。用玛瑙研钵将通过 2 mm 尼龙筛的土样研磨至全部通过 100 目（孔径为 0.149 mm）尼龙筛，混匀后备用。

（2）试剂消解

移取 15 mL 王水③于 100 mL 锥形瓶中，加入 3 粒或 4 粒小玻璃珠，放上玻璃漏斗⑦，于电热板上加热至微沸，使王水蒸汽浸润整个锥形瓶内壁约 30 min，冷却后弃去，用实验用水洗净锥形瓶内壁，晾干待用。称取待测样品 0.1 g（精确至 0.000 1 g），置于上述已准备好的 100 mL 锥形瓶中，加入 6 mL 王水③，放上玻璃漏斗⑦，于电热板上加热，保持王水处于微沸状态 2 h（保持王水蒸汽在瓶壁和玻璃漏斗上回流，但反应不能过于剧烈而导致样品溢出）。消解结束后静置冷却至室温，用慢速定量滤纸⑧将提取液过滤收集于 50 mL 容量瓶，待提取液滤尽后，用少量硝酸溶液④清洗玻璃漏斗、锥形瓶和滤渣至少 3 次，洗液一并过滤。收集于容量瓶中，用实验用水定容至刻度。

（3）仪器分析

点燃等离子体后，仪器预热稳定 30 min。用质谱仪调谐液对仪器的灵敏度、氧化物和双电荷进行调谐，在仪器的灵敏度、氧化物和双电荷满足要求的条件下，质谱仪给出的调谐液中所含元素信号强度的相对标准偏差应小于等于 5%。在涵盖待测元素的质量范围内进行质量校正和分辨率校验，如质量校正结果与真实值差值超过 ±0.1 amu 或调谐元素信号的分辨率在 10% 峰高处所对应的峰宽超过 0.6～0.8 amu，应按照仪器使用说明书对质谱仪进行校正。

仪器调试参考条件参照《土壤和沉积物　12 种金属元素的测定　王水提取-电感耦合等离子体质谱法》（HJ 803—2016）。

（4）样品测定

分别移取一定体积的单元素标准使用液③于同一组 100 mL 容量瓶中，用硝酸溶液④稀释定容至刻度，混匀。以硝酸溶液④为标准系列的最低浓度点，另制备至少 5 个浓度点的标准系列。标准系列浓度见表 4-11。内标标准使用液⑤可直接加到标准系列中，也可通过蠕动泵在线加入。内标物应选择试样中不含有的元素，或浓度远大于试样本身含量的元素。按优化的仪器参考条件，将标准系列从低浓度到高浓度依次导入雾化器进行分析，以各元素的质量浓度为横坐标，以对应的响应值和内标响应值的比值为纵坐标，建立标准曲线。标准曲线的浓度范围可根据测定实际需要进行调整。

每个试样测定前，用硝酸溶液⑤冲洗系统直至信号降至最低，待分析信号稳定后开始测定。按照与建立标准曲线相同的仪器参考条件和操作步骤进行试样的测定。若试样中待测目标元素浓度超出标准曲线范围，须经稀释后重新测定，稀释液使用硝酸溶液④，稀释倍数为 f。

4.7.5　实验数据

实验数据记录在表 4-11 和表 4-12 中。

表 4-11　标准曲线吸光度记录

标线浓度/（mg/L）	0.0	1.0	2.0	4.0	6.0	10.0
Cd						

表 4-12　水样测试结果记录

水样编号	吸光度	浓度/（μg/L）

4.7.6　实验结果

土壤样品中镉的含量按下式计算：

$$W = \frac{(\rho - \rho_0) \times V \times f}{m \times W_{dm}} \times 10^{-3}$$

式中，W—— 土壤样品中金属元素的含量，mg/kg；

ρ—— 由标准曲线计算所得试样中金属元素的质量浓度，μg/L；

ρ_0—— 实验室空白试样中对应金属元素的质量浓度，μg/L；

V—— 消解后试样的定容体积，mL；
f—— 试样的稀释倍数；
m—— 称取过筛后样品的质量，g；
W_{dm}—— 土壤样品干物质的含量，%。

思考题

请对比 ICP-MS 与 ICP-OES 测试的异同。

4.8 土壤中 As 的测定——微波消解/原子荧光法

4.8.1 实验目的

应用微波消解/原子荧光法测定土壤及沉积物中的砷。

4.8.2 实验原理

样品经过预处理，在全封闭的消化罐中经微波消解后，加入硫脲使五价砷还原为三价砷，在酸性条件下，以硼氢化钾作还原剂，将样品中待测的砷还原成挥发性共价氢化物，借助载气将其带入原子化器进行原子化。在砷特制空心阴极灯照射下发射特征波长的荧光，其荧光强度与砷含量成正比，采用标准曲线法进行定量。

4.8.3 实验仪器及试剂

（1）实验仪器

①AFS-820 双光道原子荧光分光光度计（北京吉天仪器有限公司）。

②MK 型光纤压力自控密闭微波消解仪，附聚四氟乙烯样杯。

③DKP 型电子控温加热板（上海新仪微波化学科技有限公司）。

（2）实验试剂

①砷标准溶液：国家标准物质研究中心（GBW08611 砷单元素溶液标准物质），ρ_{As}= 1 000 mg/mL，用超纯水稀释成 ρ_{As}= 1 mg/mL 标准使用液（临用现配）。

②硝酸：优级纯（ρ = 1.42 g/mL）。

③30%过氧化氢，分析纯。

④硫脲-抗坏血酸（50 g/L），称取硫脲和抗坏血酸各 5 g，溶于 100 mL 水中。

⑤硼氰化钾溶液（10 g/L）：称取 2.5 g 硼氰化钾并使其溶于 250 mL 5 g/L 的氢氧化钾溶液中。

⑥载液：盐酸溶液（2%，体积百分数）。

4.8.4 实验步骤

（1）仪器准备

灯电流：50 mA；负高压：270 V；载气流量：400 mL/min；屏蔽气流量：800 mL/min；延时时间：0 s；读数时间：10 s；原子化器高度：8 mm。

（2）样品处理

称取约 1.00 g 食品样品于聚四氟乙烯样杯内，加硝酸 6 mL，放在 180℃的电热板上，加热到硝酸黄烟冒尽（15～20 min），取下，放置室温；再加硝酸 5 mL、过氧化氢 1.5 mL，置入微波炉内，一档 3 min，二档 5 min，三档 3 min，加压消解；取出后加 5 mL 水，置于 180℃的电热板上加热，待水挥发尽干，再加入 1.25 mL 硫酸，继续放在 180℃的电热板上驱赶硝酸，至水挥发完。冷却后，用水将内容物定量转入 25 mL 比色管中，其间加入 2.5 mL 50 g/L 硫脲-抗坏血酸，补水至刻度，混匀备测。

（3）曲线绘制

分别吸取砷标准溶液 0.50 mL、1.00 mL、2.00 mL、4.00 mL、8.00 mL、10.00 mL 于 25 mL 比色管中，分别加入 2.5 mL 50 g/L 硫脲-抗坏血酸及 12.5 mL（1+9）硫酸，用超纯水定容至刻度，放置 30 min 后上机测定。实验数据记录在表 4-13 中，以荧光强度为纵坐标，以浓度为横坐标绘制标准曲线。

4.8.5 实验数据

实验数据记录在表 4-13 中。

表 4-13 荧光强度记录

	砷标准溶液体积/mL					
	0.50	1.00	2.00	4.00	8.00	10.00
2.5 mL 50 g/L 硫脲-抗坏血酸						
12.5 mL（1+9）硫酸						

4.8.6　实验结果

根据上述所测出的荧光强度，绘制出其与砷浓度的相关回归曲线，并通过回收率实验和精密度实验确定数据结果偏差值，保证实验结果精确度。

思考题

列举其他测定方法及其优、缺点。

4.9　土壤中邻二甲苯的测定——吹扫捕集/气相色谱—质谱法

4.9.1　实验目的

①掌握吹扫捕集/气相色谱—质谱法测定土壤及沉积物中邻二甲苯的原理和方法。

②学习吹扫捕集装置、气相色谱仪、质谱仪的使用方法。

4.9.2　实验原理

土壤及沉积物样品中的邻二甲苯用氦气（或氮气）吹扫出来，吸附于捕集管中，将捕集管加热并以氦气（或氮气）反吹，捕集管中的邻二甲苯被热脱附出来，进入气相色谱分离后用质谱仪进行检测。通过质谱图和保留时间进行定性，用内标法进行定量。

4.9.3　实验仪器及试剂

（1）实验仪器

吹扫捕集装置、气相色谱仪、质谱仪。

（2）实验试剂

①无有机物水：二次蒸馏水、市售矿泉水或通过纯水设备制备的水。使用前

需经过空白实验检验，确认在目标化合物的保留时间内没有干扰色谱峰出现或者其中目标化合物低于检出限。

②甲醇：农残级或者相当级别。

③标准溶液：在 6℃以下避光保存或参照制造商的产品说明。使用时应恢复至室温，并摇匀。

④标准贮备液（ρ 为 1～5 mg/mL）：可直接购买有证标准溶液，也可用标准物质制备。

⑤标准中间液（ρ = 100 μg/mL）：邻二甲苯不属于易挥发的目标化合物，因此通常 1 个月需重新配制一次。

⑥内标（ρ = 25 μg/mL）：宜选用氟苯、氯苯-d_5 和 1,4-二氯苯-d_4 作为内标。

⑦代用品（ρ = 25 μg/mL）：宜选用 1,2-二氯乙烷-d_4、4-溴氟苯和甲苯-d_8 作为代用品。本实验选取 4-溴氟苯（BFB）溶液作为内标。

4.9.4 实验步骤

（1）样品采集及保存

用经过净化处理的金属制品工具采集样品，用铁铲或药勺将样品尽快采集到样品瓶中，并尽量填满，快速清除样品瓶螺纹及外表面上黏附的样品，密封样品瓶。置于便携式冷藏箱内，带回实验室。要尽快分析，若不能立即分析，则在 4℃以下密封保存，保存期限不超过 7 d，存放区域无有机物干扰。

（2）样品预处理

①去除杂物，将样品放在洁净的铺有铝箔的搪瓷盘或不锈钢盘中，除去样品中的异物（石子、叶片等），混匀样品。

②样品缩分，按照《土壤环境监测技术规范》（HJ/T 166—2004）的要求进行样品缩分。

③干燥。

方法一：干燥剂法。称取 10 g（精确到 0.01 g）新鲜样品，加入适量无水硫酸钠，研磨均化成流沙状，全部转移至锥形瓶中待用。

方法二：冷冻干燥法。称取适量样品，放入真空冷冻干燥仪中进行干燥脱水。干燥后的样品直接研磨、过筛。然后称取 10 g（精确到 0.01 g）样品，全部转移至锥形瓶中待用。

（3）标准曲线建立

取6个5 mL的棕色容量瓶，预先加入1 mL乙酸乙酯，分别量取适量的邻二甲苯混标使用液和替代物使用液，用乙酸乙酯定容后混匀，配制成6个质量浓度点的标准系列，目标物和替代物的质量浓度依次为30.0 μg/L、50.0 μg/L、100 μg/L、200 μg/L、400 μg/L和500 μg/L。添加内标使用液，使其质量浓度均为100 μg/L。也可以根据仪器灵敏度或样品中目标物浓度配制成其他适合气相色谱—质谱仪分析测试质量浓度水平。按照仪器参考条件，从低浓度到高浓度依次进样分析。以目标化合物质量浓度为横坐标，以目标化合物与内标化合物定量离子响应值的比值和内标化合物质量浓度的乘积为纵坐标，建立标准曲线。

（4）样品制备

①提取：将样品全部转移至锥形瓶中，加入100～200 μL替代物使用液，再加入20.0 mL乙酸乙酯，放置30 min；设置水平振荡器振荡频率为150 r/min，振幅为20 mm，提取20 min。提取完成后将溶液全部转移至离心管，将离心管移至离心机，设置转速2 000 r/min，离心3 min。移取上清液1.0 mL至进样瓶中，用进样针移取5.0 μL内标使用液加入样品瓶中，混匀后，待测。如需净化，取全部提取液，待净化。

②净化：将全部提取液通过氧化铝小柱，净化液收集于玻璃管中，混匀后，转移1.0 mL至进样瓶中，用进样针移取5.0 μL内标使用液加入样品瓶中，混匀后，待测。

③空白测定：用石英砂代替实际样品，按照与样品的制备相同步骤制备空白试样。

4.9.5　实验数据

①记录标准样品中邻二甲苯、内标物的保留时间和峰面积。实验数据记录在表4-14中。

②记录模拟样品中邻二甲苯、内标物的保留时间和峰面积。实验数据记录在表4-15中。

③利用内标法对模拟样品的吹扫捕集—气相色谱分析结果中邻二甲苯的含量进行定量计算。

表 4-14　标准样品中邻二甲苯、内标物标准曲线参数记录

指标	质量浓度/（μg/L）						
	0	30	50	100	200	400	500
邻二甲苯保留时间/min							
邻二甲苯保留峰面积							
内标物保留时间/min							
内标物保留峰面积							

表 4-15　模拟样品中邻二甲苯、内标物参数记录

样品编号	邻二甲苯		内标物	
	保留时间/min	保留峰面积	保留时间/min	保留峰面积

4.9.6　实验结果

①相对响应因子（RRF）的计算：

$$RRF = \frac{A_x}{A_{IS}} \times \frac{\rho_{IS}}{\rho_x}$$

式中，A_x —— 邻二甲苯定量离子峰面积；

A_{IS} —— 与邻二甲苯相对应的内标定量离子峰面积；

ρ_{IS} —— 内标物的浓度，μg/L；

ρ_x —— 邻二甲苯的浓度，μg/L。

②相对保留时间（RRT）的计算：

$$RRT = \frac{RT_x}{RT_{IS}}$$

式中，RT_x —— 邻二甲苯的保留时间，min；

RT_{IS} —— 邻二甲苯内标物的保留时间，min。

③沉积物样品中邻二甲苯含量按下式进行计算：

$$w = \frac{A_x \times \rho_{IS} \times V_x}{A_{IS} \times \overline{RRF} \times m \times (1 - w_{H_2O})}$$

式中，w —— 样品中的目标化合物含量，mg/kg；

A_x —— 试样中目标化合物定量离子峰面积；

A_{IS} —— 试样中内标化合物定量离子峰面积；

ρ_{IS} —— 测试液中内标化合物的质量浓度，mg/L；

$\overline{RRF}$ —— 标准曲线系列中邻二甲苯的平均相对响应因子；

V_x —— 样品提取液的体积，mL；

w_{H_2O} —— 样品的含水率，%；

m —— 样品的称取量，g。

思考题

列举其他测定邻二甲苯的方法及其优、缺点。

4.9.7　仪器参考条件

（1）气相色谱参考条件

进样口温度：280℃，不分流；进样量：1.0 μL；载气流速：1.5 mL/min（恒流）；色谱柱升温程序：50℃保持 1 min，以 15℃/min 的速率升温至 280℃，保持 5 min。

（2）质谱参考条件

离子源：电子轰击源（EI）；离子源温度：230℃；传输线温度：280℃；四极杆温度：150℃；电离电压：70 eV；质量扫描范围：35～450 u；数据采集方式：全扫描（Scan）模式。

（3）吹扫捕集装置参考条件

吹扫流量：40 mL/min；吹扫温度：40℃；预热时间：2 min；吹扫时间：11 min；干吹时间：2 min；预脱附温度：180℃；脱附温度：190℃；脱附时间：2 min；烘烤温度：200℃；烘烤时间：8 min；传输线温度：125℃。其余参数参照仪器使用说明书进行设定。

4.10 固体废物热值的测定

4.10.1 实验目的

①了解并掌握固体废物热值的测定原理与方法。

②熟悉相关仪器设备的使用方法。

4.10.2 实验原理

根据热化学定义，1 mol 物质完全氧化时的反应热称为该物质的燃烧热。对生活垃圾和无法确定相对分子质量的混合物，其单位质量完全氧化时的反应热称为热值。

测量热效应的仪器称为量热计或卡计，量热计的种类很多，本实验采用氧弹量热计。测量基本原理是：根据能量守恒定律，样品完全燃烧时放出的能量将促使氧弹量热计本身及周围的介质温度升高，通过测量介质燃烧前后温度的变化，就可以求出该样品的热值。计算公式如下：

$$mQ_V = (3\,000\rho C + C_{卡})\Delta T - 2.9L$$

式中，m——样品质量，kg；

Q_V——热值，J/g；

ρ——水的密度，g/cm^3；

C——水的比热容，J/（℃·g）（20℃，1 个标准大气压下，数值为 4.2）；

$C_{卡}$——量热计的水当量，J/℃（用苯甲酸标定，数值为 1 774.3）；

ΔT——温度差值；

L——用去的铁丝长度，cm（其燃烧值为 2.9 J/cm）；

3 000——实验用水量，mL。

氧弹量热计的水当量 $C_{卡}$一般用纯净苯甲酸的燃烧热来进行标定，苯甲酸的恒容燃烧热 Q_V = 26 460 J/g。

完全燃烧是实验的第一步，为了实验的准确性，要保证样品完全燃烧，氧弹中必须有充足的高压氧气，因此，氧弹要密封、耐高压、耐腐蚀，同时粉末样品必须压成片状，以免充气时冲散样品，导致燃烧不完全而引起实验产生大的误差。

此外，还必须使燃烧后放出的热量不散失，不与周围环境发生热交换而全部传递给量热计本身和放在其中的水，使量热计和水的温度升高。为了减少量热计与环境的热交换，量热计放在一个恒温的筒内，故氧弹量热计也称环境恒温或外壳恒温量热计。

4.10.3　实验仪器和试剂

（1）实验仪器

氧弹量热计、氧气钢瓶、温度计、压片机、天平等。

（2）实验试剂

苯甲酸、铁丝、煤粉。

4.10.4　实验步骤

（1）测定量热计的水当量（$C_{卡}$）

①用天平称取 1 g 左右的苯甲酸，放入量热计的压片机中，压成片状，称重并记录。

②旋松氧弹计，把上顶盖放在支架上，并把压片放入坩埚。

③将准备好的铁丝穿到固定坩埚的两个电极柱上，让铁丝底部与压片充分接触，但不与坩埚接触。

④在氧弹内注入 10 mL 蒸馏水，旋紧氧弹盖。将氧弹与氧气进气管连接，打开氧气瓶，将减压阀开至 3 atm 充气 15 s。

⑤将氧弹外壳注满去离子水。

⑥将上述氧弹放入内桶中的氧弹座架上，再接上点火导线，并连接好控制箱上的所有电路导线，盖上胶木盖，将测温传感器插入内筒。打开电源和搅拌开关，仪器显示内筒水温，每隔 30 s 蜂鸣器报时一次。

⑦当内筒水温均匀上升后，每次报时时，记录显示温度。记下第 10 次时温度，同时按下“点火”键，测量次数自动复零。以后每隔 30 s 蜂鸣器报时时记录一次，记录至最高温度并下降时为止，至少 20 个数据，按“结束”键表示实验结束。如果点火后，指示灯亮但不熄灭或指示灯不亮，或温度不上升，表示样品没有燃烧，可能里面铁丝的接触不亮，这时要从步骤③重做实验。

⑧测量数据后，停机。把测温管拿开，放回原来位置并打开盖子。

⑨取出内筒和氧弹，用放气阀放掉氧弹内氧气，检查燃烧结果，若氧弹中没

什么残渣，说明燃烧完全。若有很多残渣，说明燃烧不完全，实验失败，要重做。燃烧后余下的铁丝用尺子测量并记录，在计算中减去长度。

⑩倒去氧弹中的水，用蒸馏水洗涤氧弹内部及坩埚并擦拭干净。倒去不锈钢桶内的水，盖上盖子，为下一次实验做好准备。

（2）样品热值的测定

①用台秤称取 1 g 左右的煤样品。

②所有步骤与上述（1）一致。

③燃烧和测量温度。

4.10.5 实验数据及结果

根据数据作图并按实验原理中的公式计算 ΔT，求出 Q_V。

4.10.6 注意事项

①点火丝不能碰到坩埚。

②氧弹每次工作前加入 10 mL 蒸馏水，需充氧 30～40 s。

思考题

（1）为何氧弹每次工作之前要加入 10 mL 蒸馏水？

（2）影响热值测定的因素有哪些？

（3）固体废物的热值达到多少时才能用焚烧法处理？

第 5 章　环境空气质量监测

5.1　校园空气质量监测方案的制定

制定空气污染监测方案的程序首先要根据监测目的进行调查研究，收集相关的资料，然后经过综合分析，确定监测项目，设计监测布点网络，选定采样频率、采样方法和监测技术，建立质量保证程序和措施，提出进度安排计划和对监测结果报告的要求等。下面结合我国现行技术规范，对监测方案的基本内容加以介绍。

5.1.1　实验目的

①通过对校园空气中的主要污染物质进行定期或连续监测，判断校园空气质量是否符合《环境空气质量标准》（GB 3095—2012），为校园空气质量状况评价提供依据。

②为研究校园空气质量的变化规律和发展趋势，开展校园空气污染的预测预报，以及研究校园空气污染物迁移、转化规律提供数据支持。

③通过实验进一步巩固理论知识，深入了解校园空气各种污染物的采样方法、分析方法、误差分析及数据处理方法等。

5.1.2　现场调查和资料收集

（1）污染源分布及排放情况

通过调查，将监测区域内的污染源类型、数量、位置、排放的主要污染物及排放量调查清楚，同时还应了解所用原料、燃料及消耗量。注意将高烟囱排放的较大污染源与低烟囱排放的小污染源区别开来。因为小污染源的排放高度低，对周围地区地面空气中污染物浓度影响比高烟囱排放源大。另外，对于交通运输污染较重和有石油化工企业的地区，应区别一次污染物和由于光化学反应产生的二次污染物。因为二次污染物是在大气中形成的，其高浓度可能出现在远离污染源的地方，在布设监测点时应加以考虑。

（2）气象资料

污染物在空气中的扩散、迁移和一系列的物理、化学变化在很大程度上取决于当时、当地的气象条件。因此，要收集监测区域的风向、风速、气温、气压、降水量、日照时间、相对湿度、温度垂直梯度和逆温层底部高度等资料。

（3）地形资料

地形对当地的风向、风速和大气稳定情况等有影响，是设置监测网点时应当考虑的重要因素。为掌握污染物的实际分布状况，监测区域的地形越复杂，要求布设的监测点越多。

（4）土地利用和功能分区情况

监测区域内土地利用情况及功能区划分也是设置监测网点应考虑的重要因素之一。不同功能区（如工业区、商业区、混合区、居民区等）的污染状况是不同的，还可以按照建筑物的密度、有无绿化地带等作进一步分类。

（5）人口分布及人群健康情况

环境保护的目的是维护自然环境的生态平衡，保护人群的健康。因此，掌握监测区域的人口分布、居民和动、植物受空气污染危害情况及流行性疾病等资料，有利于制定监测方案、分析和判断监测结果。此外，应尽量收集监测区域以往的空气监测资料，以便为制定监测方案提供参考。

5.1.3 采样点的设置

（1）采样点的布设原则和要求

①监测点周围 50 m 范围内不应有污染源。

②监测点周围环境状况相对稳定，安全和防火措施有保障。

③采样口周围水平面应保证 270°以上的捕集空间，如果采样口一边靠近建筑物，采样口周围水平面应有 180°以上的自由空间。

④采样点的周围应开阔，采样口水平线与周围建筑物高度的夹角应不大于 30°。测点周围无局地污染源，并应避开树木及吸附能力较强的建筑物。交通密集区的采样点应设在距人行道边缘至少 1.5 m 远处。

⑤各采样点的设置条件要尽可能一致或标准化，使获得的监测数据具有可比性。

⑥采样高度根据监测目的而定。研究大气污染对人体的危害，采样口应在离地面 1.5～2 m 处；研究大气污染对植物或器物的影响，采样口高度应与植物或器物高度相近。连续采样例行监测采样口高度应距地面 3～15 m；若置于屋顶采样，采样口应与基础面有 1.5 m 以上的相对高度，以减小扬尘的影响。特殊地形、地区可视实际情况确定采样高度。

⑦针对交通道路的污染监测点，采样口距道路边缘的距离不得超过 20 m。

（2）采样点的布设方法

监测区域内的采样点总数确定后，可采用经验法、统计法、模拟法等进行采样点布设。经验法是常采用的方法，特别是对尚未建立监测网或监测数据积累少的地区，需要凭借经验确定采样点的位置。具体方法有以下 4 种，见图 5-1。

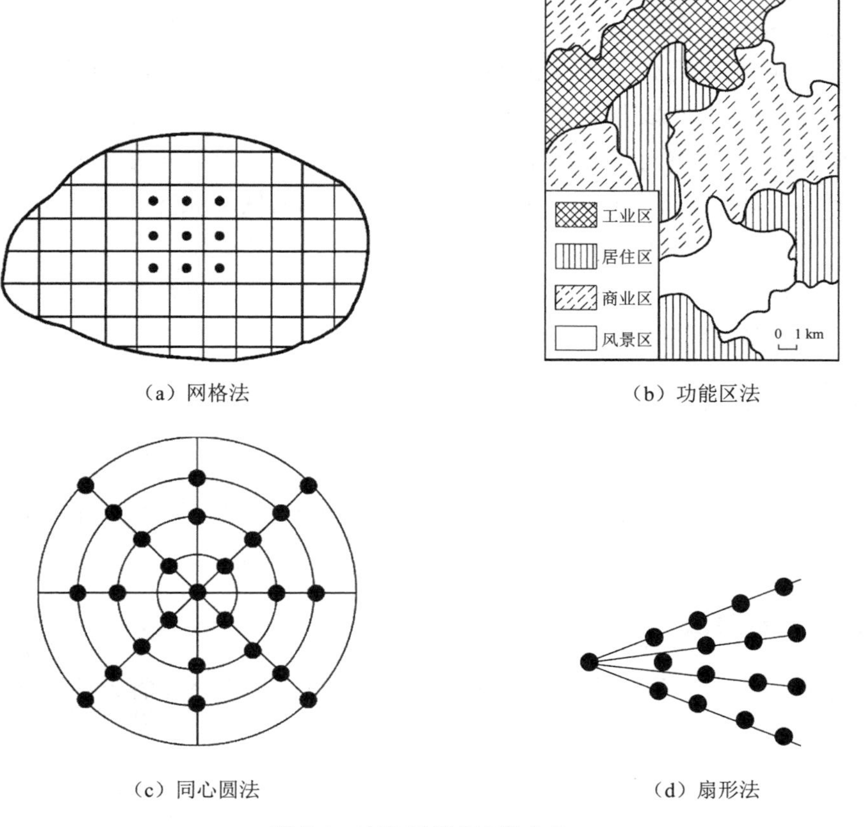

（a）网格法　（b）功能区法

（c）同心圆法　（d）扇形法

图 5-1　空气采样点布设方法

①功能区布点法。按功能区划分布点法多用于区域性常规监测。先将监测区域划分为工业区、商业区、居住区、工业和居住混合区、交通稠密区、清洁区等，再根据具体污染情况和人力、物力条件，在各功能区设置一定数量的采样点。各功能区的采样点数不要求平均，在污染源集中的工业区和人口较密集的居住区多设采样点。

②网格布点法。这种布点法是将监测区域地面划分成若干均匀的网状方格，采样点设在两直线的交点处或方格中心（图 5-1）。网格大小视污染源强度、人口分布及人力、物力条件等确定。若主导风向明显，下风向设点应多一些，一般约占采样点总数的 60%。对于有多个污染源且污染源分布较均匀的地区，常采用这种布点方法。它能较好地反映污染物的空间分布；如将网格划分得足够小，则可将监测结果绘制成污染物浓度空间分布图，这对指导城市环境规划和管理具有重要意义。

③同心圆法。这种布点方法主要用于多个污染源构成的污染群，且大污染源较集中的地区。以污染区域的正中心作为圆心，应视区域大小以等间距画同心圆，同时画直径，与圆的交接处即为采样点位。

④扇形法。这种方法适用于孤立的高架点源，且主导风向明显的地区。以高架点源为圆心，向下风向画一个 45°的扇形，从圆心向下风向等角度画几条线，同时以等间距在线上布点即可。

在实际工作中，为做到因地制宜，使采样网点布设完善合理，往往采用以一种布点方法为主、兼用其他方法的综合布点法。

5.1.4 监测内容确定

经过对以上的调查研究和相关资料的讨论及综合分析，可知校园的主要污染物有 TSP、PM_{10}、$PM_{2.5}$、SO_2 和 NO_x，所以我们对校园监测项目有 TSP、PM_{10}、$PM_{2.5}$、SO_2 和 NO_x。

5.1.5 分析方法

按照《环境空气质量标准》（GB 3095—2012）所规定的采样方法和分析方法执行，具体方法见表 5-1。

表 5-1　空气环境监测项目的采样方法及分析方法

监测项目	采样方法	分析方法	方法来源
TSP	滤膜阻留法	重量法	GB/T 15432—1995
PM_{10}	中流量采样	重量法	HJ 618—2011
$PM_{2.5}$	中流量采样	重量法	HJ 618—2011
SO_2	溶液吸收法	甲醛吸收—副玫瑰苯胺分光光度法	HJ 482—2009
NO_x	溶液吸收法	盐酸萘乙二胺分光光度法	HJ 479—2009

5.1.6　采样时间和频次

对环境空气中的 TSP、PM_{10}、$PM_{2.5}$，其采样时间及采样频次应根据《环境空气质量标准》（GB 3095—2012）中各污染物监测数据统计的有效性规定确定。要获得 1 h 平均浓度值，样品的采样时间应不少于 45 min；要获得日平均浓度值，气态污染物的累计采样时间应不少于 18 h，颗粒物的累计采样时间应不少于 12 h。

5.1.7　监测结果分析与评价

将全部监测数据进行算术平均运算，按照《环境空气质量标准》（GB 3095—2012），对监测区域的空气质量进行评价，同时计算标准偏差。

5.1.8　监测报告

对监测区域的监测数据整理、分析，给出监测报告。

5.2　总悬浮颗粒物（TSP）的测定

5.2.1　实验目的

①掌握环境空气中总悬浮颗粒物（TSP）的测定方法。

②对学校休闲娱乐区、生活区、学习区等不同功能区的空气进行监测，以掌握学校空气质量的基本状况。

5.2.2 实验原理

通过具有一定切割特性的采样器，以恒速抽取定量体积的空气，空气中粒径小于 100 μm 的悬浮颗粒物，被截留在恒重的滤膜上。根据采样前、后滤膜质量之差及采样体积，计算总悬浮颗粒物的浓度。滤膜经处理后，可再进行组分分析。

本方法适用于大流量或中流量悬浮颗粒物的测定。方法的检测限为 0.001 mg/m^3。悬浮颗粒物含量过高或雾天采样使滤膜阻力大于 10 kPa 时，本方法不适用。

5.2.3 实验仪器

①大流量或中流量采样器：应按《总悬浮颗粒物采样技术要求及检测方法》（HJ/T 374—2007）的规定。

②孔径流量计：大流量孔径流量计，量程为 0.7～1.4 m^3/min，流量分辨率为 0.01 m^3/min，精度优于 2%；中流量孔径流量计，量程为 70～160 m^3/min，流量分辨率为 1 L/min，精度优于 2%。

③U 形管压差计：最小刻度 0.1 kPa。

④X 光看片机：用于检查滤膜有无缺损。

⑤打号机：用于在滤膜及滤膜袋上打号。

⑥镊子：用于夹取滤膜。

⑦滤膜：超细玻璃纤维滤膜，对 0.3 μm 标准粒子的截留效率不低于 99%，在气流速度为 0.45 m/s 时，单张滤膜阻力不大于 3.5 kPa，在同样气流速度下，抽取经高效过滤器净化的空气 5 h，1 cm^2 滤膜失重不大于 0.012 mg。

⑧滤膜袋：用于存放采样后对折的采尘滤膜。袋面印有编号、采样日期、采样地点、采样人等项目栏。

⑨滤膜保存盒：用于保存、运送滤膜，保证滤膜在采样前处于平整不受折状态。

⑩恒温恒湿箱：箱内空气温度要求在 15～30℃范围内连续可调，控温精度±1℃；箱内空气相对湿度控制在（50±5）%。恒温恒湿箱可连续工作。

⑪天平：总悬浮颗粒物大盘天平，用于大流量采样滤膜称量，称量范围≥10 g，感量 1 mg，再现性（标准差）≤2 mg；分析天平，用于中流量采样滤膜称量，称

量范围≥10 g，感量 0.1 mg，再现性（标准差）≤0.2 mg。

5.2.4 实验样品预处理

5.2.4.1 采样器的流量校准

新购置或维修后的采样器在启用前，需进行流量校正；正常使用的采样器每月需进行一次流量校准。流量校准步骤如下所述：

①使用温度计、气压计分别测量记录环境温度和大气压值。

②流量校准器连接电源，开机后输入环境温度和大气压值。

③在采样器中放置一张空滤膜，将流量校准器连接到采样器采样入口，确保连接处不漏气。

④启动采样器抽气泵，采样流量稳定后，分别记录流量校准器和采样器的工况流量值。

⑤按下述公式计算流量测量误差，如果流量测量误差超过±2%，对采样器采样流量进行校准。

$$Q_{diff}=\frac{Q_R-Q_S}{Q_S}\times 100\%$$

式中，Q_{diff}——流量测量误差，%；

Q_R——流量校准器测量值，L/min 或 m^3/min；

Q_S——采样器设定流量值，L/min 或 m^3/min。

⑥流量校准完成后，如发现滤膜上尘的边缘轮廓不清晰或滤膜安装歪斜等情况，表明校准过程可能漏气，应重新进行校准。

流量校准的计算方法如下所述：

①工况流量与标况流量转换计算公式

$$Q_n=Q\times\frac{P\times 273}{101.325\times T}$$

式中，Q_n——标况流量，L/min 或 m^3/min；

Q——工况流量，L/min 或 m^3/min；

P——环境大气压力，kPa；

T——环境温度，K。

②孔口流量计流量修正项计算公式

$$y = b \times Q_n + a$$

式中，y——孔口流量计修正项；

a——孔口流量计修正截距；

b——孔口流量计修正斜率，a 和 b 由孔径流量计的标定部门给出。

③孔口流量计压差计算公式

$$\Delta H = \frac{y^2 \times 101.325 \times T}{P \times 273}$$

式中，ΔH——孔口流量计压差，Pa。

5.2.4.2　滤膜的准备

①每张滤膜均需用 X 光看片机进行检查，不得有针孔或任何缺陷。在选中的滤膜光滑表面的两个对角上打印编号。滤膜袋上打印同样的编号备用。

②将滤膜放在恒温恒湿箱中平衡 24 h，平衡温度取 15～30℃中任一点，记录平衡温度与湿度。

③在上述平衡条件下称量滤膜，大流量采样器滤膜称量精确到 1 mg，中流量采样器滤膜称量精确到 0.1 mg。记录下滤膜质量 W_0。

④称量好的滤膜平整地放在滤膜保存盒中，采样前不得将滤膜弯曲或折叠。

5.2.5　实验步骤

5.2.5.1　滤膜的安放及采样

①打开采用头顶盖，取出滤膜夹。用清洁干布擦去采样头内及滤膜夹的灰尘。

②将已编号并称重过的滤膜绒面向上，放在滤膜支持网上，放上滤膜夹，对正，拧紧，使不漏气。安好采样头顶盖，按照采样器使用说明，设置采样时间，即可启动采样。

③样品采完后，打开采样头，用镊子轻轻取下滤膜，采样面向里，将滤膜对折，放入号码相同的滤膜袋中。取滤膜时，如发现滤膜损坏，或滤膜上尘地边缘轮廓不清晰、滤膜安装歪斜（说明漏气），则本次采样作废，需重新采样。

5.2.5.2　尘膜的平衡及称量

①尘膜在恒温恒湿箱中，在与干净滤膜平衡条件相同的温度、湿度平衡中 24 h。

②在上述平衡条件下称量滤膜，大流量采样器滤膜称量精确到 1 mg，中流量采样器滤膜称量精确到 0.1 mg。记录下滤膜质量 W_1。滤膜增重，大流量滤膜不小于 100 mg，中流量滤膜不小于 10 mg。

5.2.6　实验数据

实验数据记录在表 5-2～表 5-4 中。

表 5-2　用孔口流量计校准总悬浮颗粒物采样器记录

采样器编号	采样器工作点流量/（m^3/min）	孔口流量计编号	月平均温度/K	平均大气压/Pa	孔口压差计算值/Pa

校准日期：___月___日　　　校准人签字：__________

表 5-3　总悬浮颗粒物现场采样记录

采样器编号	滤膜编号	采样起始时间	采样结束时间	累积采样时间

日期：___月___日　　　测试人：__________

表 5-4　总悬浮颗粒物浓度分析记录

滤膜编号	采样标准状态流量/（m^3/min）	累计采样时间/min	累计采样体积/m^3	滤膜质量/g			总悬浮颗粒浓度/（$\mu g/m^3$）
				空膜	尘膜	差值	

日期：___月___日

5.2.7 实验结果

结果计算公式见下式：

$$总悬浮颗粒物含量（\mu g/m^3）= \frac{K \times (W_1 - W_0)}{Q_N \times t}$$

式中，t —— 累积采样时间，min；

Q_N —— 采样器平均抽气流量，即 5.2.4.1 Q_{HN} 或 Q_{MN} 的计算值，L/min；

K —— 常数，大流量采样器 $K = 1\times10^6$；中流量采样器 $K = 1\times10^9$。

思考题

（1）测定空气总悬浮颗粒物的要点是什么？

（2）测定空气总悬浮颗粒物应注意哪些问题？

5.3 PM_{10}、$PM_{2.5}$ 的测定

5.3.1 PM_{10}、$PM_{2.5}$ 的测定——重量法

5.3.1.1 实验目的

①掌握测定空气中 PM_{10}、$PM_{2.5}$ 的方法。

②对校园休闲娱乐区、生活区、学习区等不同功能区的空气进行监测，以掌握校园空气质量的基本状况。

5.3.1.2 实验原理

分别通过具有一定切割特性的采样器，以恒速抽取定量体积空气，使环境空气中 PM_{10} 和 $PM_{2.5}$ 被截留在已知质量的滤膜上，根据采样前后滤膜的质量差和采样体积，计算出 PM_{10} 和 $PM_{2.5}$ 的浓度。

5.3.1.3 实验仪器

①切割器：PM_{10} 切割器、采样系统，切割粒径（Da_{50}）为（10±0.5）μm，捕集效率的几何标准差（σ_g）为（1.5±0.1）μm；$PM_{2.5}$ 切割器、采样系统，切割粒径（Da_{50}）为（2.5±0.2）μm，捕集效率的几何标准差（σ_g）为（1.2±0.1）μm。

②采样器孔口流量计或其他符合本标准技术指标要求的流量计：大流量流量计，量程 0.8～1.4 m^3/min，误差≤2%；中流量流量计，量程 60～125 L/min，误差≤2%；小流量流量计，量程＜30 L/min，误差≤2%。

③滤膜：根据样品采集目的可选用玻璃纤维滤膜、石英滤膜等无机滤膜或聚氯乙烯、聚丙烯、混合纤维素等有机滤膜。滤膜对 0.3 μm 标准粒子的截留效率不低于 99%。空白滤膜进行平衡处理至恒重，称量后，放入干燥器中备用。

④分析天平：感量 0.1 mg 或 0.01 mg。

⑤恒温恒湿箱（室）：箱（室）内空气温度在 15～30℃可调，控温精度±1℃。箱（室）内空气相对湿度应控制在 50%±5%。恒温恒湿箱（室）可连续工作。

⑥干燥器：内盛变色硅胶。

5.3.1.4 实验步骤

①将滤膜放在恒温恒湿箱（室）中平衡 24 h，平衡条件为：温度取 15～30℃中任何一点，相对湿度控制在 45%～55%，记录平衡温度与湿度。在上述平衡条件下，用感量为 0.1 mg 或 0.01 mg 的分析天平称量滤膜，记录滤膜质量。同一滤膜在恒温恒湿箱（室）中相同条件下再平衡 1 h 后称重。对于 PM_{10} 和 $PM_{2.5}$ 颗粒物样品滤膜，两次质量之差分别小于 0.4 mg 或 0.04 mg 为满足恒重要求。

②环境空气监测中采样时，采样器入口距地面高度不得低于 1.5 m。采样不宜在风速大于 8 m/s 的天气条件下进行。采样点应避开污染源及障碍物。如果测定交通枢纽处 PM_{10} 和 $PM_{2.5}$，采样点应布置在距人行道边缘外侧 1 m 处。

③采用间断采样方式测定日平均浓度时，其次数不应少于 4 次，累积采样时间不应少于 18 h。

④采样时，将已称重的滤膜用镊子放入洁净采样夹内的滤网上，滤膜毛面应朝进气方向。将滤膜牢固压紧至不漏气。如果测定单次浓度，需使用新滤膜；如测日平均浓度，样品可采集在一张滤膜上。采样结束后，用镊子将滤膜取出。将有尘面对折两次，放入样品盒或纸袋，并做好采样记录。

⑤采样后滤膜样品在恒温恒湿箱（室）中相同条件下称量。

⑥滤膜采集后，如不能立即称重，应在4℃条件下冷藏保存。

5.3.1.5 实验数据

实验数据记录在表5-5中。

表5-5 颗粒物 PM_{10}、$PM_{2.5}$ 质量浓度原始记录

序号	W_2/g	W_1/g	V/L

5.3.1.6 实验结果

PM_{10} 和 $PM_{2.5}$ 质量浓度按下式计算：

$$\rho = \frac{W_2 - W_1}{V} \times 1\,000$$

式中，ρ —— PM_{10} 或 $PM_{2.5}$ 质量浓度，mg/m^3；

W_2 —— 采样后滤膜的质量，g；

W_1 —— 空白滤膜的质量，g；

V —— 换算成标准状态（101.325 kPa，273 K）下的采样体积，m^3。

思考题

（1）重量法测定 PM_{10} 或 $PM_{2.5}$ 的要点是什么？

（2）重量法测定 PM_{10} 或 $PM_{2.5}$ 应注意哪些问题？

5.3.1.7 注意事项

①采样器每次使用前需进行流量校准。

②滤膜使用前均需进行检查，不得有针孔或任何缺陷。滤膜称量时要消除静电的影响。

③取清洁滤膜若干张，在恒温恒湿箱（室），按平衡条件平衡 24 h，称重。每张滤膜非连续称量 10 次以上，求每张滤膜的平均值为该张滤膜的原始质量。以上述滤膜作为标准滤膜。每次称量滤膜的同时，称量两张标准滤膜。若标准滤膜称出的质量分别在原始质量±5 mg（大流量）和±0.5 mg（中流量和小流量）范围内，则认为该批样品滤膜称量合格，数据可用。否则应检查称量条件是否符合要求并重新称量该批样品滤膜。

④要经常检查采样头是否漏气。当滤膜安放正确，采样系统无漏气时，采样后滤膜上颗粒物与四周白边之间界线应清晰，如出现界线模糊，则表明应更换滤膜密封垫。

⑤对电机有电刷的采样器，应尽可能在电机由于电刷原因停止工作前更换电刷，以免使采样失败。更换时间视以往情况确定。更换电刷后要重新校准流量。新更换电刷的采样器应在负载条件下运转 1 h，待电刷与转子的整流子良好接触后，再进行流量校准。

⑥当 PM_{10} 或 $PM_{2.5}$ 含量很低时，采样时间不能过短。对于感量为 0.1 mg 和 0.01 mg 的分析天平，滤膜上颗粒物负载量应分别大于 1 mg 和 0.1 mg，以减少称量误差。

⑦采样前后，滤膜称量应使用同一台分析天平。

5.3.2 PM_{10}、$PM_{2.5}$ 的测定——仪器检测法

5.3.2.1 实验目的

①掌握测定空气中 PM_{10}、$PM_{2.5}$ 的方法。

②对校园休闲娱乐区、生活区、学习区等不同功能区的空气进行监测，以掌握校园空气质量的基本状况。

5.3.2.2 实验原理

手持式 PM_{10} 和 $PM_{2.5}$ 测定仪采用激光散射法检测原理。检测器外部空气进入进气口，经切割器去除大于 10 μm 的粒子，遮掉外部光线，进入检测器暗室。暗室内的平行光与受光部的视野成直角交叉构成灵敏区，粒子通过灵敏区时，其 90°方向散射光透过狭缝射进光电倍增管转换成光电流，经光电流积分电路转换成与散射光成正比的单位时间内的脉冲数。因此，记录单位时间内的脉冲数便可求

出粒子的相对质量浓度，单位为 μg/m^3。

5.3.2.3 实验仪器

手持式 3016 型 PM_{10} 和 $PM_{2.5}$ 测定仪（Graywolf）（图 5-2），这是专用于测量空气中 PM_{10} 和 $PM_{2.5}$ 浓度的专用检测仪器，具有测试精度高、性能稳定、多功能性强、操作简单方便的特点，广泛适用于公共场所环境及大气环境的测定。

手持式 3016 型 PM_{10} 和 $PM_{2.5}$ 测定仪（Graywolf）的主要性能指标为：电源可充电 Li-ion 锂离子电池，外接电源 100～240 V，输出 12 V/1.25 A；量程（0～1 000 μg/m³）；外形尺寸 22.23 cm（W）× 12.7 cm（D）× 6.35 cm（H），质量约 1 kg（含电池）；工作环境 10～40℃，20%～90% RH；储藏环境：−10～50℃，＜98% RH。

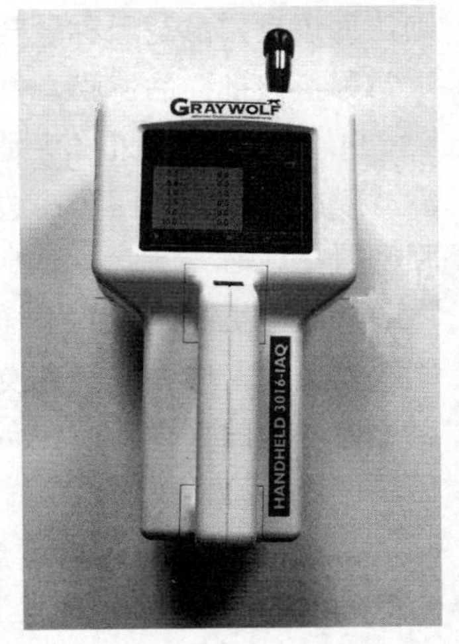

图 5-2　手持式 3016 型测定仪

5.3.2.4 实验步骤

①打开电源，将测定仪左边的开关（on/off）置于“on”。

②轻按测定仪面板上的开始按钮（START），等待读数稳定后，表示测定仪进入准备测量状态，直接记录 PM_{10} 和 $PM_{2.5}$ 数据，每隔 5 s 采集 1 个数据，采样时间为 1 000 s。

③采样时，采样器入口距地面高度不得低于 1.5 m。采样不宜在风速大于 8 m/s 的天气条件下进行。采样点应避开污染源及障碍物。如果测定交通枢纽处 PM_{10} 和 $PM_{2.5}$，采样点应布置在距人行道边缘外侧 1 m 处。

④检测完毕后，轻按测定仪面板上的“START”键，暂停采样，将测定仪左边的开关（on/off）置于“off”，关机后将测定仪放回原处。

5.3.2.5 实验数据

实验数据记录在表 5-6 和表 5-7 中。

表 5-6 校园空气质量 PM_{10} 现场采集记录表

年 月 日		时 分至 时 分					
天气		地点		测量人员			
仪器		取样间隔时间		取样总次数		PM_{10} 平均值	
1	26	51	76	101	126	151	176
2	27	52	77	102	127	152	177
3	28	53	78	103	128	153	178
4	29	54	79	104	129	154	179
5	30	55	80	105	130	155	180
6	31	56	81	106	131	156	181
7	32	57	82	107	132	157	182
8	33	58	83	108	133	158	183
9	34	59	84	109	134	159	184
10	35	60	85	110	135	160	185
11	36	61	86	111	136	161	186
12	37	62	87	112	137	162	187
13	38	63	88	113	138	163	188
14	39	64	89	114	139	164	189
15	40	65	90	115	140	165	190
16	41	66	91	116	141	166	191
17	42	67	92	117	142	167	192
18	43	68	93	118	143	168	193
19	44	69	94	119	144	169	194
20	45	70	95	120	145	170	195
21	46	71	96	121	146	171	196
22	47	72	97	122	147	172	197
23	48	73	98	123	148	173	198
24	49	74	99	124	149	174	199
25	50	75	100	125	150	175	200

表 5-7 校园空气质量 $PM_{2.5}$ 现场采集记录表

年 月 日		时 分至 时 分					
天气		地点		测量人员			
仪器		取样间隔时间		取样总次数		$PM_{2.5}$ 平均值	
1	26	51	76	101	126	151	176
2	27	52	77	102	127	152	177
3	28	53	78	103	128	153	178
4	29	54	79	104	129	154	179
5	30	55	80	105	130	155	180
6	31	56	81	106	131	156	181
7	32	57	82	107	132	157	182
8	33	58	83	108	133	158	183
9	34	59	84	109	134	159	184
10	35	60	85	110	135	160	185
11	36	61	86	111	136	161	186
12	37	62	87	112	137	162	187
13	38	63	88	113	138	163	188
14	39	64	89	114	139	164	189
15	40	65	90	115	140	165	190
16	41	66	91	116	141	166	191
17	42	67	92	117	142	167	192
18	43	68	93	118	143	168	193
19	44	69	94	119	144	169	194
20	45	70	95	120	145	170	195
21	46	71	96	121	146	171	196
22	47	72	97	122	147	172	197
23	48	73	98	123	148	173	198
24	49	74	99	124	149	174	199
25	50	75	100	125	150	175	200

5.3.2.6　实验结果

①对全部监测数据进行算术平均运算，同时计算标准偏差。

②结合《环境空气质量标准》，对所测区域的空气质量（PM_{10}和$PM_{2.5}$）进行评价。

思考题

（1）仪器法测定PM_{10}或$PM_{2.5}$的要点是什么？

（2）仪器法测定PM_{10}或$PM_{2.5}$应注意哪些问题？

5.4　二氧化硫（SO_2）的测定

5.4.1　实验目的

①通过对空气中二氧化硫含量的监测，初步掌握甲醛溶液吸收—盐酸副玫瑰苯胺分光光度法测定空气中的二氧化硫含量的原理和方法。

②在总结监测数据的基础上，对校区环境空气质量现状（二氧化硫指标）进行分析评价。

5.4.2　实验原理

5.4.2.1　二氧化硫的基本性质

二氧化硫（SO_2）又名亚硫酸酐，分子量为64.06，为无色有很强刺激性的气体，沸点为−10℃，熔点为−76.6℃，对空气的相对密度为 2.26。极易溶于水，在0℃时，1 L 水可溶解 79.8 L SO_2，20℃时 1 L 水可溶解 39.4 L SO_2，SO_2也溶于乙醇和乙醚。SO_2是一种还原剂，与氧化剂作用生成SO_3或H_2SO_3。

5.4.2.2　盐酸副玫瑰苯胺分光光度法

测定 SO_2 最常用的化学方法是盐酸副玫瑰苯胺分光光度法，吸收液是

Na_2HgCl_4溶液或K_2HgCl_4溶液，其与SO_2形成稳定的络合物。为避免汞的污染，近年来用甲醛溶液代替汞盐作吸收液。

SO_2被甲醛缓冲溶液吸收后，生成稳定的羟甲基磺酸加成化合物，与盐酸副玫瑰苯胺作用，生成紫红色化合物，用分光光度计在 570 nm 处进行测定。

测定范围为 10 mL 样本溶液中含 0.3～20 μg SO_2。若采样体积为 20 L，则可测浓度范围为 0.015～1.000 mg/m^3。

5.4.2.3 方法特点

加入氨磺酸钠溶液可消除氮氧化物的干扰，采样后放置一段时间可使臭氧自行分解，加入磷酸和乙二胺四乙酸二钠盐，可以消除或减小某些重金属的干扰。

空气中一般浓度水平的某些重金属和臭氧、氮氧化物不干扰本法测定。

本方法克服了四氯汞盐吸收—盐酸副玫瑰苯胺分光光度法对显色温度的严格要求，适宜的显色温度范围较宽，为 15～25℃，可根据室温加以选择。但样品应与标准曲线在同一温度、时间条件下显示测定。

本方法也克服了汞的污染。

5.4.3 实验仪器及试剂

5.4.3.1 实验仪器

烧杯、50 mL 容量瓶、分光光度计、玻璃棒、天平等。

5.4.3.2 实验试剂

①吸收液储备液（甲醛—邻苯二甲酸氢钾）：称取 2.04 g 邻苯二甲酸氢钾和 0.364 g 乙二胺四乙酸二钠（EDTA-2Na）溶于水中，加入 5.5 mL 3.7 g/L 甲醛溶液，用水稀释至 1 000 mL，混匀。

②吸收液使用液：吸取 25 mL 吸收液储备液于 250 mL 容量瓶中，用水稀释至刻度。

③氢氧化钠溶液（c = 2 mol/L）：称取 4 g NaOH 溶于 50 mL 水中。

④氨基磺酸（0.6 g/100 mL）：称取 0.3 g 氨基磺酸，溶解于 50 mL 水中，并加入 1.5 mL 2 mol/L 的 NaOH 溶液，调至 pH=5。

⑤盐酸副玫瑰苯胺溶液（0.025 g/100 mL）。

⑥碘溶液（$c_{1/2I_2}=0.10$ mol/L）：称取 1.27 g 碘于烧杯中，加入 4.0 g 碘化钾和少量水，搅拌至完全溶解，用水稀释至 100 mL，贮存于棕色瓶中。

⑦淀粉溶液（0.5 g/100 mL）：称取 0.5 g 可溶性淀粉，用少量水调成糊状，慢慢倒入 100 mL 沸水中，继续煮沸至溶液澄清，冷却后存于试剂瓶中，临用现配。

⑧硫代硫酸钠标准溶液 c（$Na_2S_2O_3$）= 0.1 mol/L：称取 26 g 王水硫代硫酸钠（$Na_2S_2O_3 \cdot 5H_2O$）（或 16 g 无水硫代硫酸钠），溶于煮沸并冷却后的纯水中，定容至 1 L，备用。

⑨二氧化硫标准储备溶液：称取 0.1 g 亚硫酸钠（Na_2SO_3）及 0.01 g 乙二胺四乙酸二钠盐（EDTA-2Na）溶于 100 mL 新煮沸并冷却的水中，此溶液每毫升含有相当于 320～400 μg 二氧化硫。溶液需放置 2～3 h 后标定其准确浓度。

标定方法：吸取 20.00 mL 二氧化硫标准储备溶液，置于 250 mL 碘量瓶中，加入 50 mL 新煮沸但已冷却的水，20.00 mL 碘溶液及 1 mL 冰乙酸，盖塞，摇匀。于暗处放置 5 min 后，用 0.1 mol/L 硫代硫酸钠标准溶液滴定至浅黄色，加入 2 mL 淀粉溶液，继续滴定至蓝色刚好褪去为终点。记录滴定所用硫代硫酸钠标准溶液的体积（V），另取水 20 mL 进行空白实验，记录空白滴定硫代硫酸钠的体积（V_0）。按下式计算二氧化硫标准储备溶液的浓度：

$$c_{SO_2}=\frac{(V_0-V)\times c_{Na_2S_2O_3}\times 32.02}{20.00}\times 1\,000$$

⑩二氧化硫标准使用液：吸取二氧化硫标准储备液 X mL（$X=5.0\ \mu g/mL\times 50\ mL/c_{SO_2}$）于 50 mL 容量瓶中，用吸收液使用液定容至刻度。

5.4.4 实验样品及预处理

用 1 个内装 8 mL 采样吸收液的多孔玻板吸收管，以 0.5 L/min 的流量，采样 40 min。同时，测定气温、气压，据此换算出标准状态下的采样体积（V_0）。

5.4.5 实验步骤

（1）标准曲线的绘制

吸取 SO_2 标准使用液 0 mL、0.25 mL、0.50 mL、1.00 mL、2.00 mL、4.00 mL 与 10 mL 比色管中，用吸收使用液定容至 10 mL 刻度处，分别加入 0.5 mL 的氨基磺酸溶液，0.5 mL 2.0 mol/L 的 NaOH 溶液，充分混匀后，再加入 2.5 mL 盐酸

副玫瑰苯胺溶液，立即混匀。等待显色（可放入恒温水浴中显色）。参照表 5-8 选择显色条件。

表 5-8 显色温度与显色时间对应

显色温度/℃	10	15	20	25	30
显色时间/min	40	20	15	10	5
稳定时间/min	50	40	30	20	10

根据实验室室温条件，选择 20℃对应的显色条件进行操作。

依据显色条件，用 10 mm 比色皿，以吸收液作参比，在波长 570 nm 处，测定各管吸光度。以 SO_2 含量（μg）为横坐标，吸光度为纵坐标，绘制标准曲线。

（2）样品测定

采样后，样品溶液转入 10 mL 比色管中，用少量（1 mL 以内）吸收液洗涤吸收管内容物，合并到样品溶液中，并用吸收液定容至 10 mL 刻度处。按上述绘制标准曲线的操作步骤，测定吸光度。将测得的吸光度值标在标准曲线上，通过查取或计算，得到样品中 SO_2 的量（μg）。

5.4.6 实验数据记录及处理

（1）SO_2 标准储备液浓度的标定

根据上述对 SO_2 标准储备液浓度进行标定，标定数据记录在表 5-9 中。

表 5-9 SO_2 标准储备液标定数据

		起始刻度/mL	终止刻度/mL	滴定体积/mL
实验组	1			
	2			
空白组				

（2）SO_2 标准使用液使用量计算

$$x = \frac{5.0\ \mu g/mL \times 50\ mL}{c_{SO_2}}$$

（3）采样体积换算

根据实验当天气温、气压条件：$t = 20℃$，$P = 101.8\ kPa$

$$V_0 = 0.5\ \text{L/min} \times 40\ \text{min} \times \frac{273}{273+20} \times \frac{101.8}{101.3} = 18.73\ \text{L}$$

（4）标准曲线绘制

不同含量的 SO_2 标准使用液吸光度测定结果记录在表 5-10 中。

表 5-10 不同含量的 SO_2 标准使用液吸光度测定结果

SO_2 标准使用液添加体积/mL	0.00	0.25	0.50	1.00	2.00	4.00
SO_2 含量/μg						
吸光度						

$$M = 5.0\ \mu\text{g/mL} \times V$$

式中，M—— SO_2 含量，μg；

V—— SO_2 标准使用液添加体积，mL。

以 SO_2 含量为横坐标，吸光度为纵坐标，绘制标准曲线。

思考题

影响测定误差的主要因素有哪些？应如何减少误差？

5.4.7 注意事项

①加入氨磺酸钠溶液可消除氮氧化物的干扰，采样后放置一段时间可使臭氧自行分解，加入磷酸和乙二胺四乙酸二钠盐，可以消除或减小某些重金属的干扰。

②空气中一般浓度水平的某些重金属和臭氧、氮氧化物不干扰本法测定。当 10 mL 样品溶液中含有 1 μg 以上 Mn^{2+}或 0.3 μg 以上 Cr^{6+}时，对本方法测定有负干扰。加入环己二胺四乙酸二钠（CDTA）可消除 0.2 mg/L 的 Mn^{2+}的干扰；增大本方法中的加碱量（如加 1.5 mL 2.0 mol/L 的 NaOH 溶液）可消除 0.1 mg/L 的 Cr^{6+}的干扰。

③二氧化硫在吸收液中的稳定性：本法所用吸收液在 40℃气温下放置 3 d 的损失率为 1%，37℃下放置 3 d 的损失率为 0.5%。

④本方法克服了四氯汞盐吸收—盐酸副玫瑰苯胺分光光度法对显色温度的严格要求，适宜的显色温度范围（15～25℃）较宽，可根据室温加以选择。但样品应与标准曲线在同一温度、时间条件下显色测定。

5.5 氮氧化物（NO_x）的测定

5.5.1 实验目的

①了解大气中监测采样器的结构和使用操作。

②熟悉用气体吸收比色法测定大气中气态污染物的过程。

5.5.2 实验原理

大气中的氮氧化物主要是一氧化氮和二氧化氮。测定氮氧化物浓度时，先用三氧化铬氧化管将一氧化氮氧化成二氧化氮。二氧化氮被吸收在溶液中形成亚硝酸，与对氨基苯磺酸起重氮化反应，再与盐酸萘乙二胺偶合，生成玫瑰红色偶氮染料。颜色的深浅，用比色来定量，测定结果以 NO_2 表示。本法检出限为 0.05 μg/mL，当采样体积为 6 L 时，最低检出浓度为 0.01 mg/m^3。

5.5.3 实验仪器及试剂

（1）实验仪器

①多孔玻板吸收管。

②大气采样器：流量范围为 0～1 L/min。

③分光光度计。

④双球玻璃管。

（2）实验试剂

所有试剂均用不含亚硝酸盐的重蒸蒸馏水配制。检验方法是要求该蒸馏水配制的吸收液不呈淡红色。

①吸收液：称取 5.0 g 对氨基苯磺酸，置于 200 mL 烧杯中，将 50 mL 冰醋酸与 900 mL 水的混合液分数次加入烧杯中，搅拌使其溶解，并迅速转入 1 000 mL 棕色容量瓶中，待对氨基苯磺酸溶解后，加入 0.05 g 盐酸萘乙酸二胺，溶解后，

用水稀释至标线，摇匀，贮于棕色瓶中，此为吸收原液，放在冰箱中可保存1个月。采样时，按4份吸收原液与1份水的比例混合成采样的吸收液。

②三氧化铬-沙子氧化管：将河沙洗净、晒干、筛取20～40目的部分，用(1+2)的盐酸浸泡1夜，用水洗至中性后烘干。将三氧化铬及沙子按（1+2）的质量混合，加入少量水调匀，放在红外灯下或烘箱里于105℃烘干，烘干过程中应搅拌数次。做到三氧化铬-沙子应是松散的，若黏在一起，说明三氧化铬比例太大，可适当增加一些沙子，重新制备。将三氧化铬-沙子装入双色玻璃管中，两端用脱脂棉塞好，并用塑料制的小帽子将氧化管的两端盖紧，备用。

③亚硝酸钠标准贮备液：将粒状亚硝酸钠在干燥器内放置24 h，称取0.015 00 g溶于水，然后移入1 000 mL容量瓶中，用水稀释至标线，此溶液每毫升含100 mg NO_2^-，贮于棕色瓶中，存放在冰箱里，可稳定3个月。

④亚硝酸钠标准溶液：临用前，吸取2.50 mL亚硝酸钠标准贮备液于100 mL容量瓶中，用水稀释至标线。此溶液每毫升含2.5 μg NO_2^-。

5.5.4 采样方法

将5 mL吸收液注入多孔玻板吸收管中，吸收管的进气口接三氧化铬-沙子氧化管，并使氧化管的进气端略向下倾斜，以免潮湿空气将氧化管弄湿污染后面吸收管。吸收出气口与大气采样器相连接，以0.3 L/min的流量避光采样至吸收液呈浅玫瑰色为止，如不变色，应加大采样流量或延长采样时间，在采样的同时，应测定采样现场的温度和大气压力，并做好记录。

5.5.5 实验步骤

（1）标准曲线的绘制

取7支10 mL比色管，按表5-11所列数据配制标准色列。

表5-11 测定 NO_2 所配制的标准色列

管号	0	1	2	3	4	5	6
NO_2^- 标准使用液/mL	0	0.10	0.20	0.30	0.40	0.50	0.60
吸收原液/mL	4.00	4.00	4.00	4.00	4.00	4.00	4.00
水/mL	1.00	0.90	0.80	0.70	0.60	0.50	0.40
NO_2^- 含量/μg	0	0.10	0.20	0.30	0.40	0.50	0.60
NO_2^- 浓度/（μg/mL）	0	0.04	0.08	0.12	0.16	0.20	0.24

加入试剂后，摇匀，避免阳光直射，放置 15 min，用 1 cm 比色皿，于波长 540 nm 处，以水为参比，测定吸光度，用测得的吸光度对 5 mL 溶液中 NO_2^-含量（μg）绘制标准曲线，并计算校准曲线的线性回归方程。

（2）样品的测定

采样后，放置 15 min，将吸收液倒入比色皿器，与标准曲线绘制时的条件相同测定吸光度。

5.5.6 实验结果处理

（1）氮氧化物含量

$$c_{NO_2}(\text{mg/m}^3)=\frac{c'\cdot V_t}{0.72\times V_{nd}}\times F$$

式中，c_{NO_2} —— 气体样品中氮氧化物的浓度，mg/m^3；

c' —— 样品溶液中亚硝酸根离子浓度，μg/mL。可从标准曲线中查得，或用回归方程斜率计算；

V_t —— 样品溶液定容体积，mL；

V_{nd} —— 换算为标准状态下的采样体积，L；

0.72 —— NO_2（气）转变为 NO_2^-（液）的转换系数；

F —— 样品溶液浓度高时的稀释倍数。

（2）气体体积换算

在现场采样时，除了记录气体的流量和采样持续的时间外，还必须记录采样现场的温度和大气压力，利用气体流量和采样时间，即可用下式求得现场温度和压力下的采样体积：

$$V_t=Q\cdot S$$

式中，V_t —— 现场温度和压力下的采样体积，L；

Q —— 气体流量，L/min；

S —— 采样时间，min。

由于气体体积随温度和压力的变化而变化，采样现场的温度和压力变化较大，因此上式是求出的采样体积计算待测物浓度时，即使待测物的浓度相同，也会因现场温度和压力的不同而得出不同的结果。为了统一比较，在 2008 年 8 月《环境空气质量标准》（GB 3095—2012）的修改单中规定用参比状态（温度为 25℃，大气压力 101.3 kPa）下的气样体积计算待测物的浓度。为此在计算分析结果时，先要利用下式把现场状态下的采气体积换算成参比状态下的采气体积。

$$V_{25}=V_{t}\times\frac{273+25}{273+t}\times\frac{P_{A}}{101.3}$$

式中，V_{25}—— 参比状态下的采气体积，L；

V_{t}—— 现场状态下的采气体积，L；

t—— 采样现场的温度，℃；

P_{A}—— 采样现场的大气压力，kPa。

思考题

（1）此实验的采样时间应如何确定？

（2）测定时采样器应放置在什么地方？为什么？

（3）结果计算除用计算因子法外还有何法？

5.5.7　注意事项

①配制溶液时，应避免在空气中长时间暴露，以免其吸收空气中的氮氧化物，日光照射能使吸收液显色。因此在采样、运送及存放过程中，都应采取避光措施。

②在采样过程中，如吸收液体积显著缩小，要用水补充到原来的体积（应预先做好标记）。

③氧化管适用于相对湿度为 30%～70%时使用，当空气相对湿度大于 70%时，应勤换氧化管；当空气相对湿度小于 30%时，在使用前经过水面的潮湿空气通过氧化管，平衡 1 h，再使用。

5.6　一氧化碳（CO）的测定

5.6.1　实验目的

①了解大气中监测采样器的结构和使用操作。

②熟悉用气体吸收比色法测定大气中气态污染物的过程。

5.6.2 实验原理

样品空气以恒定的流量通过颗粒物过滤器进入仪器反应室，一氧化碳选择性吸收以 4.7 μm 为中心波段的红外光，在一定的浓度范围内，红外光吸光度与一氧化碳浓度成正比。

5.6.3 实验仪器及试剂

（1）实验仪器

实验仪器详见图 5-3。

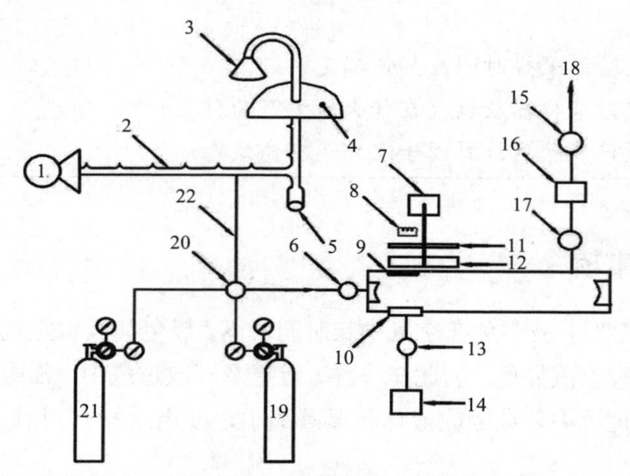

1—风机；2—多支管；3—进气口；4—房顶；5—除湿装置；6—颗粒物过滤器；7—马达；8—红外光源；9—带通滤波器；10—红外检测器；11—截光器；12—相关轮；13—放大器；14—数据输出；15—泵；16—流量控制器；17—流量计；18—排空口；19—标准气体；20—四通阀；21—零气；22—进样管路。

图 5-3 一氧化碳测量系统示意图

（2）实验试剂

①零气：零气由零气发生装置产生，也可由零气钢瓶提供，零气的性能指标应符合《环境空气气态污染物（SO_2、NO_2、O_3、CO）连续自动监测系统技术要求及检测方法》（HJ 654—2013）附录 A 的要求。如果使用合成空气，其中氧的浓度应为合成空气的 20.9%±2%。

②标准气体：有证标准物质，单位为 μmol/mol。

③滤膜：材质为聚四氟乙烯，孔径≤5 μm。

5.6.4 分析步骤

（1）仪器安装和检查

新购置的仪器安装后应依据操作手册设置各项参数，进行调试。调试指标包括零点噪声、最低检出限、量程噪声、示值误差、量程精密度、24 h 零点漂移和 24 h 量程漂移，调试的检测方法和指标按照《环境空气质量自动监测技术规范》（HJ/T 193—2005）执行。仪器运行过程中需要进行零点检查、量程检查和线性检查，检查方法按照《环境空气气态污染物（SO_2、NO_2、O_3、CO）连续自动监测系统运行和质控技术规范》（HJ 818—2018）中附录 B 执行。如果检查结果不合格，需对仪器进行校准，必要时对仪器进行维修。仪器维修完成后，应进行线性检查，并对仪器进行重新校准。

（2）校准和测定

仪器量程应根据当地不同季节的一氧化碳实际浓度水平确定。当一氧化碳浓度低于量程的 20%时，应选择更低的量程。将零气通入仪器，读数稳定后，调整仪器输出值等于零。将浓度为量程 80%的标准气体通入仪器，读数稳定后，调整仪器输出值等于标准气体浓度值。将样品空气通入仪器，进行自动测定并记录一氧化碳浓度。

5.6.5 实验结果处理

一氧化碳的质量浓度按照下面公式进行计算：

$$\rho = \frac{28}{24.5}\varphi$$

式中，ρ —— 一氧化碳的质量浓度，mg/m^3；

28 —— 一氧化碳的摩尔质量，g/mol；

24.5 —— 参比状态下一氧化碳的摩尔体积，L/mol；

φ —— 一氧化碳的体积浓度，mL/m^3。

思考题

（1）此实验的采样时间应如何确定？

（2）零点检测的意义是什么？

5.6.6 注意事项

①仪器零点检查、量程检查、线性检查、流量检查、校准的频次和指标按照《环境空气气态污染物（SO_2、NO_2、O_3、CO）连续自动监测系统运行和质控技术规范》（HJ 818—2018）执行。颗粒物过滤器的滤膜支架每半年至少清洁 1 次；滤膜一般每 2 周更换 1 次，颗粒物浓度较高地区或浓度较高时段，应视滤膜实际污染情况加大更换频次。采样支管每月应进行气密性检查，每半年清洗 1 次，必要时更换。

②更换采样系统部件和滤膜后，应以正常流量采集至少 10 min 样品空气，进行饱和吸附处理，其间产生的测定数据不作为有效数据。该处理过程也可在实验室内进行。

5.7 臭氧（O_3）的测定

5.7.1 实验目的

①环境空气中臭氧的靛蓝二磺酸钠分光光度法。

②熟悉用气体吸收比色法测定大气中气态污染物的过程。

5.7.2 实验原理

空气中的臭氧在磷酸盐缓冲剂存在的条件下，与吸收液中蓝色的靛蓝二磺酸钠发生等摩尔反应后，褪色生成靛红二磺酸钠，在 610 nm 处测量吸光度。

5.7.3 实验仪器及试剂

（1）实验仪器

空气采样器、多孔玻板吸收管、具塞比色管、恒温水浴、分光光度计等。

（2）实验试剂

除非另有说明，本标准所用试剂均使用符合国家标准的分析纯化学试剂，实验用水为新制备的去离子水或蒸馏水。

①溴酸钾标准贮备溶液［c（1/6 $KBrO_3$）= 0.100 0 mol/L］：准确称取 1.391 8 g 溴化钾（优级纯，180℃烘 2 h），置烧杯中，加入少量水溶解，移入 500 mL 容量

瓶中，用水稀释至标线。

②溴酸钾-溴化钾标准溶液［c（1/6 $KBrO_3$）= 0.010 0 mol/L］：吸取 10.00 mL 溴酸钾标准贮备溶液①于 100 mL 容量瓶中，加入 1.0 g 溴化钾（KBr），用水稀释至标线。

③硫代硫酸钠标准贮备溶液［c（$Na_2S_2O_3$）= 0.100 0 mol/L］：称取 26 g 王水硫代硫酸钠（$Na_2S_2O_3 \cdot 5H_2O$）（或 16 g 无水硫代硫酸钠，$Na_2S_2O_3$），溶于煮沸并冷却后的纯水中，定容至 1 L，备用。

④硫代硫酸钠标准工作溶液［c（$Na_2S_2O_3$）= 0.005 00 mol/L］：临用前，取硫代硫酸钠标准贮备溶液③用新煮沸并冷却到室温的水准确稀释 20 倍。

⑤硫酸溶液，1+6。

⑥淀粉指示剂溶液（ρ = 2.0 g/L）：称取 0.20 g 可溶性淀粉，用少量水调成糊状，慢慢倒入 100 mL 沸水，煮沸至溶液澄清。

⑦磷酸盐缓冲溶液［c（KH_2PO_4-Na_2HPO_4）=0.050 mol/L］：称取 6.8 g 磷酸二氢钾（KH_2PO_4）、7.1 g 无水磷酸氢二钠（Na_2HPO_4），溶于水，稀释至 1 000 mL。

⑧靛蓝二磺酸钠（$C_{16}H_8O_8Na_2S_2$，以下简称 IDS），分析纯、化学纯或生化试剂。

⑨IDS 标准贮备溶液：称取 0.25 g IDS 溶于水，移入 500 mL 棕色容量瓶内，用水稀释至标线，摇匀，在室温暗处存放 24 h 后标定。此溶液在 20℃以下暗处存放可稳定 2 周。

标定方法：准确吸取 20.00 mL IDS 标准贮备溶液⑨于 250 mL 碘量瓶中，加入 20.00 mL 溴酸钾-溴化钾溶液②，再加入 50 mL 水，盖好瓶塞，在（16±1）℃生化培养箱（或水浴）中放置至溶液温度与水浴温度平衡时，加入 5.0 mL 硫酸溶液⑤，立即盖塞、混匀并开始计时，于（16±1）℃暗处放置（35±1.0）min 后，加入 1.0 g 碘化钾，立即盖塞，轻轻摇匀至溶解，暗处放置 5 min，用硫代硫酸钠溶液④滴定至棕色刚好褪去呈淡黄色，加入 5 mL 淀粉指示剂⑥，继续滴定至蓝色消退，终点为亮黄色。记录所消耗的硫代硫酸钠标准溶液④的体积。

⑩IDS 标准工作溶液：将标定后的 IDS 标准贮备液⑨用磷酸盐缓冲液⑦逐级稀释成每毫升相当于 1.00 μg 臭氧的 IDS 标准工作溶液，此溶液于 20℃以下暗处存放可稳定 1 周。

⑪IDS 吸收液：取适量 IDS 标准贮备液⑨，根据空气中臭氧浓度的高低，用磷酸盐缓冲液⑦稀释成每毫升相当于 2.5 μg（或 5.0 μg）臭氧的 IDS 吸收液，此溶液于 20℃以下暗处可保存 1 个月。

5.7.4 采样方法

用内装（10.00±0.02）mL IDS 吸收液⑪的多孔玻板吸收管，罩上黑色避光套，以 0.5 L/min 流量采气 5～30 L。当吸收液褪色约 60%时（与现场空白样品比较），应立即停止采样。样品在运输及存放过程中应严格避光。当确信空气中臭氧的浓度较低，不会穿透时，可以用棕色玻板吸收管采样。用同一批配制的 IDS 吸收液⑪，装入多孔玻板吸收管中，带到采样现场。除了不采集空气样品外，其他环境条件保持与采集空气的采样管相同。每批样品至少带两个现场空白样品。5 mL 吸收液注入多孔玻板吸收管中，吸收管的进气口接三氧化铬—沙子氧化管，并使氧化管的进气端略向下倾斜，以免潮湿空气将氧化管弄湿污染后面吸收管。吸收出气口与大气采样器相连接，以 0.3 L/min 的流量避光采样至吸收液成浅玫瑰色为止，如不变色，应加大采样流量或延长采样时间，在采样的同时，应测定采样现场的温度和大气压力，并做好记录。

5.7.5 实验步骤

（1）标准曲线的绘制

取 6 支 10 mL 比色管，按表 5-12 所列数据配制标准色阶。

表 5-12 测定 NO_2 所配制的标准色列

管号	1	2	3	4	5	6
IDS 标准使用液/mL	10.00	8.00	6.00	4.00	2.00	0.00
磷酸盐缓冲溶液/mL	0.00	2.00	4.00	6.00	8.00	10.00
臭氧浓度/（μg/mL）	0.00	0.20	0.40	0.60	0.80	1.00

加入试剂后，摇匀，各管摇匀，用 20 mm 比色皿，以水作参比，在波长 610 nm 处测定吸光度。以校准系列中零浓度管的吸光度（A_0）与各标准色列管的吸光度（A）之差为纵坐标，臭氧浓度为横坐标，用最小二乘法计算校准曲线的回归方程：

$$y = bx + a$$

式中，y —— $A_0 - A$，空白样品的吸光度与各标准色列管的吸光度之差；

x —— 臭氧浓度，μg/mL；

b —— 回归方程的斜率；

a —— 回归方程的截距。

（2）标准曲线的绘制

采样后，在吸收管的入气口端串接一个玻璃尖嘴，在吸收管的出气口端用吸耳球加压将吸收管中的样品溶液移入 25 mL（或 50 mL）容量瓶中，用水多次洗涤吸收管，使总体积为 25.0 mL（或 50.0 mL）。用 20 mm 比色皿，以水作参比，在波长 610 nm 下测定吸光度。

5.7.6 实验结果处理

空气中臭氧的浓度（mg/m^3）按下式计算

$$\rho = \frac{(A_0 - A - a) \times V}{b \times V_0}$$

式中，A_0 —— 试剂空白液的吸光度平均值；

A —— 样品吸光度；

b —— 标准曲线的斜率；

a —— 标准曲线的截距；

V_0 —— 样品溶液的总体积，mL。

5.7.7 注意事项

市售 IDS 不纯，作为标准溶液使用时必须进行标定。用溴酸钾-溴化钾标准溶液标定 IDS 的反应，需要在酸性条件下进行，加入硫酸溶液后反应开始，加入碘化钾后反应终止。为了避免副反应使反应定量进行，必须严格控制培养箱（或水浴）温度（16±1℃）和反应时间（35±1.0 min）。一定要等到溶液温度与培养箱（或水浴）温度达到平衡时再加入硫酸溶液⑤，加入硫酸溶液后应立即盖塞，并开始计时。滴定过程中应避免阳光照射。

思考题

（1）此实验的采样环境应有哪些要求？

（2）IDS 溶液的干扰体现在哪些方面？

第 6 章　噪声监测

6.1　校园区域环境噪声监测方案的制定

制定校园区域环境噪声监测方案的程序首先要根据监测目的进行调查研究，收集相关资料，然后经过综合分析，确定监测项目，设计监测布点网络，选定采样频率、采样方法和监测技术，建立质量保证程序和措施，提出进度安排计划和对监测结果报告的要求等。下面将结合我国现行的技术规范介绍监测方案的基本内容。

6.1.1　实验目的

①通过对校园不同区域的噪声进行定期或连续监测，判断校园噪声是否符合《声环境质量标准》(GB 3096—2008)，为校园声环境质量状况评价提供依据。

②为研究校园噪声的变化规律和发展趋势，开展校园噪声污染的预测预报，为校园噪声污染治理提供数据支持。

③通过实验进一步巩固对理论知识的理解，深入了解校园噪声污染的采样方法、分析方法、误差分析及数据处理方法等。

6.1.2　现场调查和资料收集

(1) 污染源分布情况

通过调查，将监测区域内的污染源类型、数量、位置调查清楚。校园内的噪声源主要有建筑施工工地、食堂、教学楼、宿舍楼、体育场及校园道路上行驶的车辆等，在布设监测点时应加以考虑。

(2) 气象资料

当地的气象条件对噪声的监测产生影响，因此，要收集监测区域的风向、风速、气温、气压、降水量、日照时间、相对湿度等。

（3）地形资料

地形对当地的风向、风速和大气稳定情况等有影响，是设置监测网点应当考虑的重要因素。

（4）土地利用和功能分区情况

监测区域内土地利用情况及功能区划分也是设置监测网点应考虑的重要因素。不同功能区（如办公区、教学区、居民区、运动区、宿舍区等）的污染状况是不同的。

6.1.3 采样点的设置

6.1.3.1 采样点的布设原则和要求

（1）一般户外

采样点要求距离任何反射物（地面除外）至少 3.5 m 外，距地面高度 1.2 m 以上。必要时可置于高层建筑上，以扩大监测受声范围。使用监测车辆测量，传声器应固定在车顶部 1.2 m 高度处。

（2）噪声敏感建筑物户外

在噪声敏感建筑物外，采样点要距墙壁或窗户 1 m 处，距地面高度 1.2 m 以上。

（3）噪声敏感建筑物室内

在噪声敏感建筑物室内，采样点要距离墙面和其他反射面至少 1 m，距窗户约 1.5 m 处，距地面高度 1.2～1.5 m。

6.1.3.2 采样点的布设方法

城市区域环境噪声普查方法适用于为了解某一类区域或整个城市的总体环境噪声水平、环境噪声污染的时间与空间分布规律而进行的测量。基本方法有网格测量法和定点测量法两种。

（1）网格测量法

将要普查测量的城市某一区域或整个城市划分成多个等大的正方格，网格要完全覆盖住被普查的区域或城市。每一网格中的工厂、道路及非建成区的面积之和不得大于网格面积的 50%，否则视为该网格无效。有效网格总数应多于 100 个。测点布在每一个网格的中心。若网格中心点不宜测量（如为建筑物、厂区内等），应将测点移动到距离中心点最近的可测量位置上进行测量。

应分别在昼间和夜间进行测量。在规定的测量时间内，每次每个测点测量 10 min 的连续等效 A 声级（L_{Aeq}，简称 L_{eq}）。将全部网格中心测点测得的 10 min 的连续等效 A 声级做算术平均运算，所得到的平均值代表某一区域或全市的噪声水平。

将测量到的连续等效 A 声级按 5 dB 一档分级（如 60～65 dB、65～70 dB、70～75 dB）。用不同的颜色或阴影线表示每一档等效 A 声级，绘制在覆盖某一区域或城市的网格上，用于表示区域或城市的噪声污染分布情况。

（2）定点测量法

在标准规定的城市建成区中，优化选取一个或多个能代表某一区域或整个城市建设区环境噪声平均水平的测点，进行 24 h 连续监测。测量每小时的 L_{eq} 及昼间的 L_d 和夜间的 L_n，可按网格测量法测量。将每小时测得的连续等效 A 声级按时间排列，得到 24 h 的声级变化图形，用于表示某一区域或城市环境噪声的时间分布规律。

6.1.4 监测内容确定

经过对以上调查研究和相关资料的讨论及综合分析，对校园内不同功能区的噪声进行监测。

6.1.5 分析方法

（1）测量仪器

噪声测量仪器精度为 2 型及 2 型以上的积分平均声级计或环境噪声自动监测仪器，其性能需符合 GB/T 3785.2—2010 的规定，并定期校验。测量前后使用声校准器校准测量仪器的示值偏差不得大于 0.5 dB，否则测量无效。声校准器应满足《电声学　声校准器》（GB/T 15173—2010）对 1 级或 2 级声校准器的要求。测量时传声器应加防风罩。

测量应在无雨雪、无雷电天气，风速 5 m/s 以下时进行。

（2）监测计量方法

A 声级能够较好地反映人耳对噪声的强度与频率的主观感觉。等效声级反映在声级不稳定的情况下，人实际所接受的噪声能量的大小。等效连续 A 声级，指在规定测量时间 T 内 A 声级的能量平均值，用 $L_{Aeq,T}$ 表示，简写为 L_{eq}，单位 dB（A）。环境噪声的监测即采用等效 A 声级。

6.1.6 采样时间和频次

采样时间及频次应根据《声环境质量标准》(GB 3096—2008)中噪声监测数据统计的有效性规定确定;采样时间为昼间工作时间,应避开节假日和非正常工作日。在前述采样时间内,每个采样点每隔 5 s 读取 1 个瞬时 A 声级,连续读取 200 个数据。在测量过程中,一人手持仪器测量,另一人记录瞬时声级,测量时噪声仪距任意建筑物不得小于 1 m,传声器对准声源方向。读数的同时记录附近主要的噪声来源和天气条件。

6.1.7 监测结果分析与评价

将采样点监测的 200 个等效声级 L_{eq} 做算术平均运算,所得到的平均值代表某一声境功能区的总体环境噪声水平,按照《声环境质量标准》(GB 3096—2008),对监测区域的声环境质量进行评价,并计算标准偏差。

6.1.8 监测报告

对监测区域的监测数据整理、分析,给出监测报告。

6.2 校园区域环境噪声监测

6.2.1 实验目的

①了解噪声测定的方法。

②学习使用声级计。

③对校园休闲娱乐区、生活区、学习区等不同功能区的噪声进行监测,以掌握校园声环境质量的基本状况。

6.2.2 实验原理

声级计是噪声测量中最基本的仪器,一般由传声器、前置放大器、衰减器、放大器、频率计权网络以及有效值指示表头等组成。

声级计的工作原理是:由传声器将声音转换成电信号,再由前置放大器变换阻抗，使传声器与衰减器匹配。放大器将输出信号加到计权网络，对信号进行频率计权（或外接滤波器），然后再经衰减器及放大器将信号放大到一定的幅值，传送至有效值检波器（或外接电平记录仪），在指示表头上给出噪声声级的数值。

6.2.3　实验仪器

手持式TES1350A型声级计是测量环境噪声的专用检测仪器。具有测试精度高、性能稳定、多功能性强、操作简单方便的特点，可广泛适用于公共场所环境噪声的测定。

手持式 TES1350A 型声级计（图 6-1）的主要性能指标为：单一 9 V 电池，量程为 35～130 dB；外形尺寸为 240 mm（*W*）× 68 mm（*D*）× 25 mm（*H*），质量约 210 g（含电池）；工作环境为 0～40℃，10% RH～90% RH；储藏环境为 −10～60℃，10% RH～75% RH。

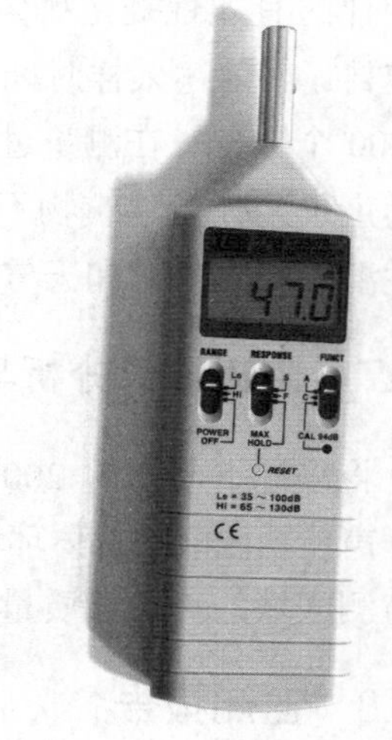

图 6-1　手持式 TES1350A 型声级计

6.2.4　实验步骤

（1）监测点布设

将要监测的某一声环境功能区划分为多个等大的正方格，网格要完全覆盖住被普查的区域。监测点应设在每一个网格的中心。

（2）监测条件

根据监测对象和目的，可选择以下 3 种测点条件（指传声器所置位置）进行环境噪声的测量，其方法与原则同 6.1.3.1。

（3）声级计使用方法

①打开噪声计电源开关并选择适当的挡位“Hi”或“Lo”。

②要读取即时的噪声量请选择“RESPONSE”（响应）的“F”（FAST）快速，想获得当时的平均噪声量则选择“S”（SLOW）慢速。

③如果要测量声量的最大读值可使用“MAX HOLD”功能，将“RESPONSE”开关选在“MAX HOLD”位置，按下“RESET”按键开始测量最大值。

④要测量以人为感受的噪声量请选择“FUNCT”（功能）的“A 加权”，如果要测量机器所发出的噪声则选择“C 加权”，测量前可先选择 CAL 94 dB 自我校正一次，判断仪表是否正常。

⑤手持噪声计或将噪声计架在三脚架上以麦克风距离音源 1～1.5 m 距离测量。

⑥测量完毕将电源开关关至 POWER OFF 位置。

（4）监测内容

监测分别在昼间工作时间进行。在前述测量时间内，每隔 5 s 读 1 个瞬时 A 声级，每个监测点测量 200 个等效声级 L_{eq}，同时记录噪声的主要来源，记录在表 6-1 中。监测应避开节假日和非正常工作日，测量应在无雨雪、无雷电天气，风速 5 m/s 以下时进行。

表 6-1　校园噪声现场采集记录表

年　月　日		时　分至　时　分					
天气		地点		测量人员		仪器	
噪声源		取样间隔时间		取样总次数		噪声平均值	
1	26	51	76	101	126	151	176
2	27	52	77	102	127	152	177
3	28	53	78	103	128	153	178
4	29	54	79	104	129	154	179
5	30	55	80	105	130	155	180
6	31	56	81	106	131	156	181
7	32	57	82	107	132	157	182
8	33	58	83	108	133	158	183
9	34	59	84	109	134	159	184
10	35	60	85	110	135	160	185
11	36	61	86	111	136	161	186
12	37	62	87	112	137	162	187
13	38	63	88	113	138	163	188
14	39	64	89	114	139	164	189
15	40	65	90	115	140	165	190
16	41	66	91	116	141	166	191
17	42	67	92	117	142	167	192
18	43	68	93	118	143	168	193
19	44	69	94	119	144	169	194
20	45	70	95	120	145	170	195
21	46	71	96	121	146	171	196
22	47	72	97	122	147	172	197
23	48	73	98	123	148	173	198
24	49	74	99	124	149	174	199
25	50	75	100	125	150	175	200

6.2.5 实验结果

将采样点监测的 200 个等效声级 L_{eq} 做算术平均运算，所得到的平均值代表某一声环境功能区的总体环境噪声水平，并计算标准偏差。

实际测量噪声是通过不连续的采样进行测量，假如采样时间间隔相等，则：

$$L_{eq}=10\lg\left(\frac{1}{n}\sum_{i=1}^{n}10^{0.1L_i}\right)$$

式中，L_{eq} —— 噪声测量的等效声级，dB（A）；

n —— 采样总数；

L_i —— 第 i 次采样测得的 A 声级，dB（A）。

实验计算所得噪声值根据“附录 6　声环境质量标准”进行评价。

思考题

（1）噪声测定监测点布设的原则是什么？

（2）如何测一般户外场地的噪声？

6.3 城市道路交通噪声监测

6.3.1 实验目的

①通过城市道路交通噪声的测量，加深对道路交通噪声特征的理解。

②掌握道路交通噪声的评价指标与评价方法。

③分析城市道路交通噪声声级与车流量、路况等的关系及变化的规律。

6.3.2 实验原理

道路交通噪声除了可采用等效连续 A 声级来评价外，还可采用累计百分声级来评价噪声的变化。在规定测量时间内，有 N%时间的 A 计权声级超过某一噪声级，该噪声级就称为累计百分声级，用 L_N 表示，单位为 dB。累计百分声级用来表示随时间起伏的无规则噪声的声级分布特性，最常用的是 L_{10}、L_{50} 和 L_{90}：L_{10}

表示在测量时间内，有 10%时间的噪声级超过此值，相当于峰值噪声级；L_{50}表示在测量时间内，有 50%时间的噪声级超过此值，相当于中值噪声级；L_{90}表示在测量时间内，有 90%时间的噪声级超过此值，相当于本底噪声级。

如果数据采集是按等时间间隔进行的，则 L_N 也表示有 N%的数据超过的噪声级。一般 L_N 和 L_{eq} 之间有如下近似关系：

$$L_{eq} \approx L_{50} + \frac{(L_{10} - L_{90})^2}{60}$$

6.3.3 实验仪器

测量仪器为精度为 2 型以上的积分式声级计或环境噪声自动监测仪，其性能符合 GB/T 3785.2—2010 的要求。测量前后使用声级校准器校准测量仪器的示值，偏差应不大于 0.5 dB，否则测量无效。

测量应选在无雨、无雪的天气条件下进行，风速为 5 m/s 以下时进行测量。测量时传声器加风罩。

6.3.4 实验步骤

①选定某一交通干线作为测量路段，监测点选在两路口之间，距任一路口的距离应大于 50 m，路段不足 100 m 的选路段中点。监测点位于人行道上，距离路面（含慢车道）20 cm 处。监测点高度距离地面 1.2～6 m。监测点应避开非道路交通源的干扰。传声器应指向被测声源。监测应避开节假日和非正常工作日。

②监测前采用声级校准器对噪声测量仪器进行校准，并记录校准值。

③每个监测点测量 20 min 的等效连续 A 声级 L_{eq}，同时记录累积百分声级 L_{10}、L_{50}、L_{90}、L_{max} 和 L_{min}。并采用两只计数器分别记录大型车和小型车的数量。

④测量完成后对测量设备进行再次校准，记下校准值。

6.3.5 实验数据

实验数据记录在表 6-2 中。

表 6-2 道路交通噪声采样记录

采样时间：______ 采样人：______

路段名称	路段起止点	路段长度/m	跌幅宽度/m	道路等级	路段覆盖人口/万人	噪声/dB			
						L_{eq}	L_{10}	L_{50}	L_{90}

注：路段名称、路段起止点、路段长度指监测点代表的所有路段。

道路等级：①城市快速路；②城市主干道；③城市次干道；④城市含路面轨道交通的道路；⑤穿过城市的高速公路；⑥其他道路。

路段覆盖人口：指该代表路段两侧对应的 4 类声环境功能区覆盖的人口数量。

6.3.6 实验结果

根据道路交通噪声监测的噪声值，按路段长度进行加权算术平均，得出某交通干线区域的环境噪声平均值，计算式如下：

$$\overline{L}=\frac{1}{l}\sum_{i=1}^{n}l_iL_i$$

式中，$\overline{L}$ —— 某交通干线两侧区域的环境噪声平均值，dB；

l —— 监测路段的总长，m；

l_i —— 第 i 监测点路段的长度，m；

L_i —— 第 i 段监测点测得的等效声级 L_{eq} 或累计百分声级 L_{10}、L_{50}、L_{90}，dB。

所得到的噪声平均值代表某一声环境功能区的总体环境噪声水平，根据城市道路噪声标准对监测点的声环境质量进行评价（附录 6）。

思考题

（1）根据评价量及车流量随时间段的变化关系，分析评价量与车流量的变化趋势。

（2）分析等效声级与累计百分声级之间的关系，说明 L_{10}、L_{50}、L_{90} 分别代表的声级意义。

6.4　工业企业厂界噪声监测

6.4.1　实验目的

①通过工业企业厂界噪声的测量，加深对工业企业厂界噪声特征的理解。

②掌握声级计的使用方法。

③掌握工业企业厂界噪声的评价指标与评价方法。

6.4.2　实验原理

《工业企业厂界环境噪声排放标准》（GB 12348—2008）规定了工业企业和固定设备厂界环境噪声排放限值及其测量方法，适用于工业企业噪声排放的管理、评价及控制。机关、事业单位、团体等对外环境排放噪声的单位也按此标准执行。

6.4.3　实验仪器

测量仪器为积分平均声级计或环境噪声自动监测仪，其性能应不低于 GB/T 3785.2—2010 对 2 型仪器的要求。测量 35 dB 以下的噪声应使用 1 型声级计，且测量范围应满足所测量噪声的需要。校准所用仪器应符合《电声学　声校准器》（GB/T 15173—2010）对 1 级或 2 级声校准器的要求。当需要进行噪声的频谱分析时，仪器性能应符合《电声学　倍频程和分数倍频程滤波器》（GB/T 3241—2010）中对滤波器的要求。

测量仪器和校准仪器应定期检定合格，并在有效使用期限内使用；每次测量前、后必须在测量现场进行声学校准，其前、后校准示值偏差不得大于 0.5 dB，否则测量结果无效。

测量仪器时间计权特性设为“F”挡，采样时间间隔不大于 1 s。

测量应选在无雨、无雪的天气条件下进行，风速为 5 m/s 以下时进行测量。测量时传声器加防风罩。

6.4.4　实验步骤

①一般情况下，监测点选在工业企业厂界外 1 m、高度 1.2 m 以上、距任一反射面距离不小于 1 m 的位置。当厂界有围墙且周围有受影响的噪声敏感建筑物时，

监测点应选在厂界外 1 m、高于围墙 0.5 m 以上的位置。室内噪声测量时，室内监测点位设在距任一反射面至少 0.5 m 以上、距地面 1.2 m 高度处，在受噪声影响方向的窗户开启的状态下测量。

②监测前采用声级校准器对噪声测量仪器进行校准，并记录校准值。

③分别在昼间、夜间两个时段测量。夜间有频发、偶发噪声影响时同时测量最大声级。一般噪声的测量均选择“F”快特征状态。每秒读取 1 个数值，测量时间为 1 min。

④测量完成后对测量设备进行再次校准，记下校准值。

6.4.5 实验数据

实验数据记录在表 6-3 中。

表 6-3 工业企业厂界环境噪声测量原始记录

测量日期：________ 测量人员：________ 气象状况：________

被测量单位名称：________________ 地址：________________

厂界所处声环境功能区类别：________

测量仪器名称及编号：________________ 校准仪器名称及编号：________

仪器校准值（测前）：________________ 仪器校准值（测后）：________

测点编号	监测点位置	测量工况	主要声源	监测时段	测量时间	测量值 L_{eq}/dB（A）	背景值 L_{eq}/dB（A）

测点位置示意图：

备注：

6.4.6 实验结果

将采样点监测的等效声级 L_{eq} 做算术平均运算，所得到的平均值代表某一厂界所处声环境功能区的总体环境噪声水平，并计算标准偏差。

实际测量噪声是通过不连续的采样进行测量，假如采样时间间隔相等，则：

$$L_{eq} = 10\lg\left(\frac{1}{n}\sum_{i=1}^{n}10^{0.1L_i}\right)$$

式中，L_{eq} —— 噪声测量的等效声级，dB（A）；

n —— 采样总数；

L_i —— 第 i 次采样测得的 A 声级，dB（A）。

计算所得噪声值根据附录 6 所提供标准进行评价。

思考题

（1）工业企业厂界噪声测定监测点布设的原则是什么？

（2）如何测量工业企业厂界的噪声？

第7章　室内空气监测

7.1　室内空气监测方案的制定

7.1.1　实验目的

了解室内空气中污染物的检测方法，判断空气质量是否符合国家标准，评价室内空气质量，提高环保意识。

7.1.2　现场调查和资料收集

近年来，随着科学技术的发展和人民生活水平的提高，大量新型建筑和装修材料进入家庭，加之现代建筑物的密闭性，使得室内空气污染问题日益突出。为保障人民群众的身体健康，国家和有关部门出台了一系列规范及标准以保障人们居住环境的安全，国家质量监督检验检疫总局、卫生部、国家环境保护总局联合发布了《室内空气质量标准》（GB/T 18883—2002）。标准的实施使得室内空气监测有法可依，对控制室内空气污染起了很大作用，但监测中存在的一些问题也应引起足够的重视。在实际分析之前，采样和样品处理方法决定着分析结果的质量，不合适或非专业的采样会使可靠正确的测定方法得出错误的结论。因此，选择和制定周密的样品处理程序和进行完成准确无误的操作是非常重要的。

7.1.3　采样点的设置

《室内空气质量标准》（GB/T 18883—2002）明确规定了监测与评价的采样要求。采样点的数量根据室内面积大小和现场情况而定，一般 50 m^2 以下的房间设1～3 个点，50～100 m^2 的房间设 3～5 个点，100 m^2 以上的房间至少设 5 个点，对角线或梅花式布点；采样时应避开通风道和通风口，离墙壁距离应大于 1 m；采样点离地面高度 0.8～1.5 m。当房间内有 2 个及以上检测点时，应取各点检测结果的平均值作为该房间的检测值。评价居室时应在人们正常活动的情况下采样，至少监测 1 天，1 天监测两次，不开门窗；评价办公建筑物时应选择在无人活动的情况下采样，至少监测 1 天，1 天监测两次，不开门窗。

7.1.4　监测内容的确定

监测室内空气污染物中甲醛、苯、甲苯、二甲苯、总挥发性有机物（TVOC）、氨等的浓度，对比《室内空气质量标准》（GB/T 18883—2002）考察室内空气质量是否达标。

7.1.5　分析方法

JC-5 室内空气质量检测仪能迅速测定现场空气中甲醛、苯、甲苯、二甲苯、TVOC、氨的浓度，气体检测时间可手动调整，达到设定的时间后，可自动停止工作，数码管显示读数，精确得出甲醛等有害气体的浓度。检测甲醛气体含量主要用酚试剂分光光度法，其原理是空气中的甲醛与酚试剂发生反应生成嗪，嗪在酸性溶液中被高价铁离子氧化形成绿色化合物，然后根据颜色深浅，通过比色测定其含量。苯、甲苯、二甲苯、TVOC、氨的浓度是采用玻璃比色管检测的，玻璃比色管由一个充满显色物质的玻璃管和一个抽气采样泵构成。在检测时，将玻璃比色管的两头折断，通过采样泵将室内空气抽入比色管，吸入的气体和显色物质反应，气体浓度与显色长度成比例关系，从而可以直观地得到气体的浓度，简单实用。JC-5 适用于居住区、居室空气、室内空气、公共场所、家具、地板、壁纸、毛毯、涂料、园艺、室内装饰、装修材料；染料、造纸、制药、医疗、防腐、消毒、化肥、树脂、黏合剂和农药、原料、样品、工艺过程及生产车间和生活场所中空气污染物的现场定量测定。

JC-5 的测定下限为 0.01 mg/m^3，测定范围为 0.00～4.00 mg/m^3，适用温度为 0～30℃。

7.1.6　采样时间和频次

采样时间指每次采样从开始到结束的时间；采样频次指一个时间段的采样次数。

监测年平均浓度，至少采样 3 个月；监测日平均浓度，至少采样 18 h；监测 8 h 平均浓度，至少采样 6 h；监测 1 h 平均浓度，至少采样 45 min。

长期累积浓度的测定，采样需 24 h 以上，甚至连续几天进行累积采样，多用于对人体健康影响的研究。

短期浓度的监测采样时间为几分钟至 1 h，可反映瞬时浓度的变化及每日各时点的变化，主要用于公共场所及室内污染的研究。

采样前关闭门窗 12 h，采样时关闭门窗。

7.1.7 监测结果分析与评价

监测结果与《室内空气质量标准》（GB/T 18883—2002）进行对比，见附录 5。

7.1.8 监测报告

按照室内空气监测项目要求的格式认真撰写。监测结果分析与评价应参考《室内空气质量标准》（GB/T 18883—2002）。

7.2 甲醛的测定

7.2.1 实验目的

了解室内空气中甲醛的检测方法和原理，根据国家标准评价甲醛含量，提高环保意识。

7.2.2 实验原理

室内空气样品中的甲醛被吸收后与显色剂反应生成的有色化合物可以对可见光有选择性地吸收，从而可以通过分光光度法对室内空气样品进行测定。

7.2.3 实验仪器及试剂

①实验仪器：JC-5 室内空气质量检测仪。

②实验试剂：甲醛试剂一（吸收剂）、甲醛试剂二（显色剂）。

7.2.4　实验步骤

①先将纯净水倒入甲醛试剂一吸收瓶，倒满即可，盖上盖子，摇匀 3～5 s，倒入气泡吸收瓶。

②连接到仪器：将气泡吸收瓶插入机器顶部的吸收瓶插孔，与仪器的橡胶管连接（甲醛接口），连接方法见图 7-1：

将仪器放置到呼吸带高度（0.8～1.5 m），用三脚架或高度合适的桌面（以室内空气检测为例）。

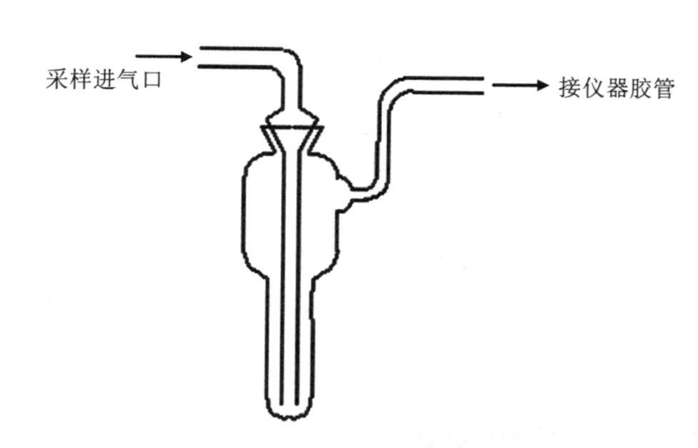

图 7-1　气泡吸收瓶连接示意图

③接好仪器电源，按“一般定时操作”的方法进行定时操作，设定采样时间，建议采样时间 10 min（流量 1 L/min，共采样 10 L，在采样体积不变的情况下可自行调节时间和流量）。

④按“启动/停止”键，工作指示灯亮，调节流量为设定值（用流量计下方的调节旋钮进行调节），仪器自动计时，时满自动停止，工作指示灯灭。

⑤采样完毕，将气泡吸收瓶内的液体转移到甲醛试剂二显色剂瓶，摇匀并用手握住 5 min，直接插入“分光数据传输口”，即可测定。

7.2.5　实验数据

实验数据记录在表 7-1 中。

表 7-1　室内空气甲醛测定原始数据记录

采样地点	采样时间	采样点	甲醛含量/（mg/m^3）

7.2.6 注意事项

①测定时使用的水必须是纯净水或蒸馏水。

②气泡吸收瓶且勿接入进气孔，否则会产生倒吸，损坏仪器（如误操作产生倒吸，只需空开启机器 1 h，风干吸入的液体后，仪器就可恢复正常）。

③所有玻璃器具在使用前与使用后，需用纯净水、蒸馏水清洗干净。

④每次检测结束后应及时倒掉气泡吸收瓶中有色溶液，再用纯净水、蒸馏水清洗干净，以防玷污和腐蚀比色瓶和气泡吸收瓶。

思考题

（1）用空气采样器收集时，为什么要加入吸收剂？分析其原因。

（2）为什么测定时的水必须是纯净水或蒸馏水？

7.3 苯系物的测定

7.3.1 实验目的

了解室内空气中苯系物的检测方法和原理，掌握室内空气中苯系物的测定与评价，提高环保意识。

7.3.2 实验原理

室内空气样品中的苯、甲苯、二甲苯等有害气体被吸收后与显色剂反应生成的有色化合物可以对可见光有选择性地吸收，从而可以通过分光光度法对室内空气样品进行测定。

7.3.3 实验仪器

①JC-5 室内空气质量检测仪。

②苯、甲苯、二甲苯检测管。

7.3.4　实验步骤

①用砂片稍用力将检测管两端各划一圈割印。

②用硅胶管套套住检测管上的箭头所指一端，沿切割印掰断，用同样的方法掰断另一端。

③将苯、甲苯、二甲苯检测管刻度数值大的一端（箭头指的方向）连接到检测仪器相对应的气孔上（稍用力插紧，防止漏气）。注意方向性，箭头方向代表气体流过的方向。

④调节所需检测气体对应的时间控制器，使其符合技术指标。打开所要检测项的开关，对应指示灯亮，所对应的检测项即开始检测。

⑤用检测仪器采气样 10 min，检测管内试剂刻度产生色环。

⑥检测结束，切断电源，一手轻按气体通道口上的蓝色套圈，另一手拔出检测管。

⑦按变色环上端所示刻度，读出所测数据。

7.3.5　实验数据

实验数据记录在表 7-2 中。

表 7-2　实验数据记录表

采样地点	采样时间	采样点	苯含量/（mg/m^3）	甲苯含量/（mg/m^3）	二甲苯含量/（mg/m^3）

7.3.6　注意事项

①测定时注意检测管方向性，箭头方向代表气体流过的方向。

②由于检测限的限制，若挥发性有机物含量较低，则不能用检测管测出其含量。

思考题

检测管检测室内空气中苯系物的原理是什么？

7.4 总挥发性有机物、氨的测定

7.4.1 实验目的

了解室内空气中总挥发性有机物（TVOC）、氨的检测方法和原理，掌握室内空气中 TVOC、氨的测定与评价，提高环保意识。

7.4.2 实验原理

室内空气样品中的 TVOC、氨等有害气体被吸收后与显色剂反应生成的有色化合物可以对可见光有选择性地吸收，从而可以通过分光光度法对室内空气样品进行测定。

7.4.3 实验仪器

①JC-5 室内空气质量检测仪。

②TVOC、氨玻璃检测管。

7.4.4 实验步骤

各取 1 支 TVOC、氨的玻璃检测管，测定步骤同 7.3.4。

7.4.5 实验数据

实验数据记录在表 7-3 中。

表 7-3 实验数据记录

采样地点	采样时间	采样点	TVOC 含量/（mg/m^3）	氨含量/（mg/m^3）

7.4.6 注意事项

①测定时注意检测管的方向性，箭头方向代表气体流过的方向。

②由于受到检测限的限制，若挥发性有机物含量较低，则不能用检测管测出其含量。

思考题

检测管检测 TVOC、氨的原理是什么？

第 8 章　环境监测的质量保证

8.1　环境监测质量保证体系

8.1.1　实验室内质量控制

环境监测质量控制（QC）是指为达到监测计划所规定的检测质量而对监测过程采用的控制方法。环境监测质量控制是环境监测质量保证的重要组成部分，它包括实验室质量控制和外部质量控制。实验室质量控制又分为实验室内质量控制和实验室间质量控制，其中实验室内质量控制是保证实验室提供可靠分析结果的关键，也是保证实验室间质量控制顺利进行的基础。

8.1.1.1　常规监测质量控制方法

（1）对照实验

对照实验是指通过对标准物质的分析或与用标准方法来分析相对照。同样的分析方法有时可能因实验室、分析人员的不同而使结果有所差异，这实际也是一种对照实验。

（2）空白实验

空白实验是指用纯水或其他介质代替试样的测定。其所加试剂和操作步骤与样品测定完全相同。空白实验应与试样测定同时进行。空白实验所得的响应值称为空白实验值。当空白实验值偏高时，应全面检查空白实验用水、试剂的空白、量器和容器是否玷污、仪器的性能以及环境状况等。

空白值的测定方法是：每批做平行双样测定，分别在一段时间内（隔天）重复测定一批，共测定 5～6 批。按下式计算空白平均值。

$$\bar{b}=\frac{\sum x_{\mathrm{b}}}{mn}$$

式中，$\bar{b}$ —— 空白平均值；

x_{b} —— 空白测定值；

m —— 批数；

n —— 平行份数。

按下式计算批内标准偏差：

$$s_{\mathrm{wb}}=\sqrt{\frac{\sum_{i=1}^{m}\sum_{j=1}^{n}x_{ij}^{2}-\frac{1}{n}\sum_{i=1}^{m}\left(\sum_{j=1}^{n}x_{ij}^{2}\right)}{m(n-1)}}$$

式中，s_{wb} —— 空白批内标准偏差；

x_{ij} —— 空白测定值；

i —— 批次；

j —— 同一批内各个测量值。

（3）加标回收率

加标回收实验即向一未知样品中加入已知量的标准待测物质，同时测定该样品及加标样品中待测物质的含量，然后由下式计算回收率：

回收率 =（加标样品测定值 − 样品测定值）/加标量 × 100%

回收率越接近 100%，说明方法越准确。加标量应与样品中待测物质的浓度水平相等或接近，一般为样品含量的 0.5～2 倍。如果污水样品中污染物浓度波动性大，加标量难以控制，即使用纯水配制的质控样很准确，实际上也很难达到质控要求。此时如果只强调加标回收，不仅不实用，还会增加监测人员的负担。

8.1.1.2　质量控制图

质量控制图可用于环境监测中日常监测数据的有效性检验。编制质量控制图的基本假设是：测定结果在受控条件下具有一定的精密度和准确度，并按正态分布。若以一个控制样品，用一种方法，由一个分析人员在一定时间内进行分析，累积一定数据。如这些数据达到规定的精密度和准确度（处于控制状态），以其结果-分析次序编制控制图。在以后的日常分析过程中，取每份（或多次）平行的控制样品随机地编入环境样品中一起分析，根据控制样品的分析结果，推断环境样品的分析质量。

质量控制图通常由一条中心线和上、下控制限，上、下警告限及上、下辅助线组成。横坐标为样品序号（或日期），纵坐标为统计值。质量控制图的基本组成见图 8-1。预期值即图中的中心线；目标值即图中上、下警告限之间的区域；实测值的可接受范围为图中上、下控制限之间的区域。

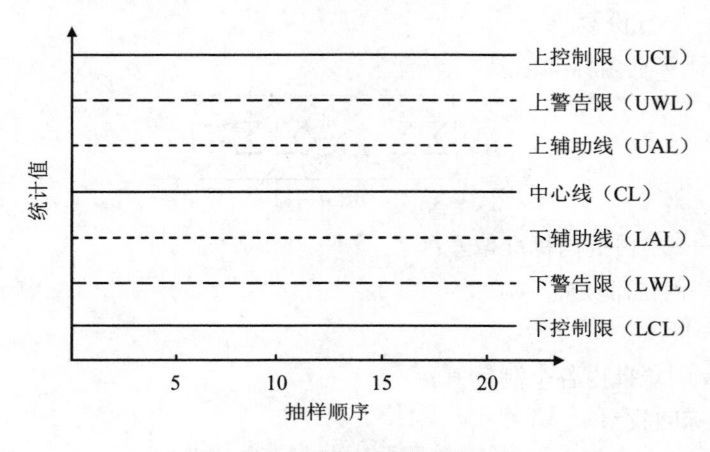

图 8-1 质量控制图的基本组成

（1）质量控制图的绘制

质量控制样品的浓度和组成尽量与环境样品相似。用同一方法在一定时间内重复测定，至少累积 20 个数据，每一组数据不应在同一天内测得。

按下式计算总均值（$\overline{\overline{x}}$）、标准偏差（s）、平均极差（$\overline{R}$）。

$$\overline{x}_i=\frac{x_t+x_t'}{2} \qquad \overline{\overline{x}}=\frac{\sum \overline{x}_i}{n} \qquad R_i=\left|x_A-x_B\right|$$

$$s=\sqrt{\frac{\sum \overline{x}_i^{\,2}-\frac{\left(\sum \overline{x}_i\right)^2}{n}}{n-1}}$$

$$\overline{R}=\frac{\sum\limits_{i=1}^{n} R_i}{n}$$

根据不同种类的质量控制图计算所需要的统计值，如 $\overline{\overline{x}}\pm 3s, \overline{\overline{x}}\pm A_2\overline{R}$ 等。以测定顺序为横坐标，以相应的测定值为纵坐标作图。同时作有关的控制线，如均数-

极差控制图（$\bar{x}$-R 图）。

①均数控制图部分中心线——$\bar{\bar{x}}$；上、下控制限——$\bar{\bar{x}} \pm A_2\bar{R}$；上、下警告限——$\bar{\bar{x}} \pm \frac{2}{3}A_2\bar{R}$；上、下辅助线——$\bar{\bar{x}} \pm \frac{1}{3}A_2\bar{R}$。

②极差控制图部分中心线——$\bar{R}$；上控制限——$D_4\bar{R}$；上警告限——$\bar{R} + \frac{2}{3}\left(D_4\bar{R} - \bar{R}\right)$；上辅助线——$\bar{R} + \frac{1}{3}\left(D_4\bar{R} - \bar{R}\right)$；下控制限——$D_3\bar{R}$。

系数 A_2、D_3、D_4 见表 8-1。

表 8-1　$\bar{x}$-R 图系数（每次测 n 个平行样）

系数	2	3	4	5	6	7	8
A_2	1.88	1.02	0.73	0.58	0.48	0.42	0.37
D_3	0	0	0	0	0	0.076	0.136
D_4	3.27	2.58	2.28	2.12	2.00	1.92	1.86

因为极差越小越好，故极差控制部分没有下警告限，但仍有下控制限。在使用过程中，若 R 稳定下降，以致 $R \approx D_3\bar{R}$（接近下控制限），则表明测定精密度已有提高原质量控制图失效，应根据新的测定值重新计算 $\bar{x}$、$\bar{R}$ 和各相应统计量，改绘新的 $\bar{x}$-R 图。

（2）质量控制图的使用

根据日常工作中该项目的分析频率和分析人员的技术水平，每间隔适当时间，取两份平行的控制样品，与环境样品同时测定，对操作技术较差的人员和测定频率低的项目，每次都应同时测定控制样品，将控制样品测定的结果依次点在图上，根据下列规定检验分析过程是否处于失控状态。

①如果此点位于中心线附近，上、下警告限间的区域，则测定过程处于控制状态，环境样品分析结果有效。

②如果此点落在上、下警告限和上、下控制限之内的区域，提示分析质量开始变劣，应进行初步检查，并采取相应的校正措施。

③若此点落在上、下控制限之外，则表示测定过程失控，应立即检查原因，予以纠正。环境样品应重新测定。

④如相邻 7 点连续上升或下降，表示测定有失控倾向，应立即检查原因，予以纠正。

$\bar{x}$-R 图的使用原则也类似，只是两者中任一个超出控制限（不包括 R 图部分的下控制限），即认为失控，故其灵敏度较单纯的 $\bar{x}$ 图或 R 图高。

8.1.2 实验室间质量控制

实验室间质量控制是在实验室内质量控制基础上对某些实验室的分析质量进行评价的工作。常用的方法有分析测量系统的现场评价和分析标准样品对实验室间的评价。一般由上一级监测站或权威部门发放标准物质与实验室内的标准溶液进行比对，或发放未知标准样进行考核、检验和纠正各实验室间的系统误差。

实验室间标准溶液的比对：

①国家一级站、二级站要配备本实验室的标准参考溶液（可购买国家标准物质或自制），并与上一级站的标准参考物进行比对和量值追踪。比对定值的标准参考溶液发放给下一级站使用。

②实验室标准溶液与标准参考溶液的比对实验。将上一级站发放的标准参考溶液（A）与实验室的等配制浓度的标准溶液（B），同时各取 n 份样品测定，按下式计算，并对测定值做 t 检验。

标准参考溶液测定值 A_1、A_2、A_3、…、A_n，取平均值 $\bar{A}$，标准差 S_A；实验室标准溶液测定值 B_1、B_2、B_3、…、B_n，取平均值 $\bar{B}$，标准差 S_B；计算统计量

$$t=-\frac{\left|\bar{A}-\bar{B}\right|}{S_{A-B}\cdot\sqrt{\dfrac{n}{2}}}$$

其中
$$S_{A-B}=\sqrt{\frac{(n-1)\left(S_A^2+S_B^2\right)}{2n-2}}$$

当 $t \leqslant t_{0.05(n-1)}$ 时的临界值（表 8-6），二者无明显差异。

当 $t \geqslant t_{0.05(n-1)}$ 时的临界值（表 8-6），则实验室标准溶液存在系统误差。

8.1.3 实验室质量考核

8.1.3.1 考核内容和办法

实验室质量考核的内容和办法有：

①分析标准样品或统一样品。

②测定加标样品。

③测定空白平行。

④核查检测出限。

⑤测定标准系列，检查相关系数和计算回归方程，进行截距检验等。

8.1.3.2　实验室误差测试

由测量过程中某些恒定造成的误差常为系统误差，通常起支配作用，为检查实验室间是否存在系统误差，它的大小和方向以及对分析结果的可比性是否有显著影响，可不定期地对有关实验室进行误差测试。

本书采用双样法（Youden 法）进行误差测试。

测试方法：将两个浓度不同但较接近（分别为 x_i、y_i，两者相差约±5%）的样品同时分发给各实验室，对其作单次测定。在规定日期内上报结果 x_i、y_i。

双样图系统误差检查法：分别计算各实验室上报的两个浓度样测定结果 x_i、y_i 的平均值 $\bar{x}$ 和 $\bar{y}$，在方格纸上画出 x_i、$\bar{x}$ 对应的垂线和 y_i、$\bar{y}$ 对应的水平线。将各实验室测定结果（x，y）点在图中。根据点在双样图 8-2（a）中 4 个象限双样图中的图形，则不存在系统误差。如图 8-2（b）中的椭圆形分布，则存在系统误差。根据此椭圆形的长轴与短轴之差及其位置，可估计实验间系统误差的大小和方向。根据各点的分散程度估计各实验室间的精密度和准确度。

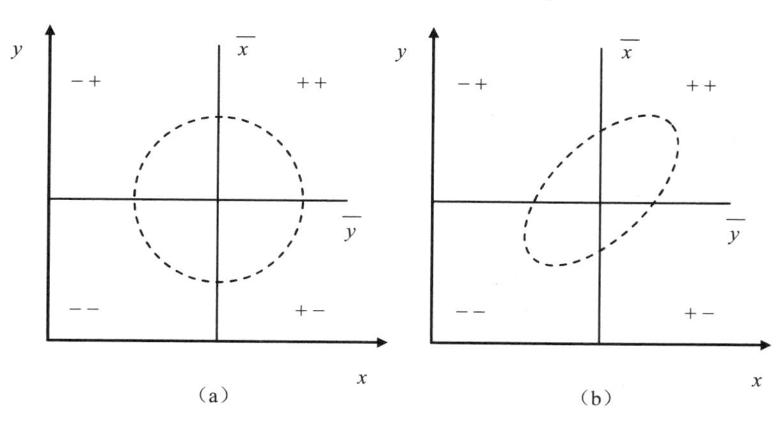

图 8-2　双样图

8.2 环境监测数据的处理要求

8.2.1 基础知识

8.2.1.1 监测数据的五性

（1）代表性（representation）

代表性是指在采样点、生产过程中或环境条件中某些参数变化时，所采集的样品能真实反映实际情况的程度，指在具有代表性的时间、地点，并根据确定的目的获得典型的环境数据的特性。

（2）准确度（accuracy）

准确度是指测定值与客观环境的真值的符合程度。它是反映分析方法或测量系统存在的系统误差和随机误差的综合指标。准确度用绝对误差和相对误差表示。

（3）完整性（completeness）

完整性是指监测得到的有效数据的量与在正常条件下期望得到的数据的比较。它强调的是完成整个的工作计划，保证按预期计划取得在时间、空间上有系统性、周期性和连续性的有效样品，且完整地获得这些样品的监测结果及有关信息。

（4）可比性（compatibility）

可比性是指在一定置信度的情况下，一组数据与另一组数据可比较的特性，主要是比较数据的等效性。对数据出现的重复性趋势或明显的问题，应加以分析确认，并且要评价它们对整个监测数据的影响。它要求各实验室之间对同一样品的监测结果应相互可比，也要求各实验室对同一样品的监测结果应达到相关项目之间的数据可比，相同项目在没有特殊情况时，历年同期数据也是可比的。在此基础上，还应通过标准物质和标准方法的准确度量值传递与追溯系统，以实现国际、行业间、实验室间的数据一致与可比较的特性。

（5）精密度（precision）

精密度是指测定结果达到要求的平行性、重复性和再现性等特性，反映了分析方法或测量系统所存在的随机误差的大小。标准偏差、相对标准偏差等可用来表示精密度。

①平行性（replicability）：是指在同一实验室中，当分析人员、分析设备和分析时间都相同时，用同一种分析方法对同一样品进行双份或多份平行样测定结果之间的符合程度。

②重复性（repeatability）：是指在同一实验室中，当分析人员、分析设备和分析时间三因素中至少有一项不同时，用同一种分析方法对同一样品进行两次或两次以上测定结果之间的符合程度。

③再现性（reproducibility）：是指在同一实验室（分析人员、分析设备、甚至分析时间都不相同），用同一种分析方法对同一样品进行多次测量结果之间的符合程度。

8.2.1.2　检出限（detection limit，DL）

检出限指某一分析方法在给定的可靠程度内可以从样品中监测待测物质的最小浓度或最小量。国际纯粹与应用化学联合会（IUPAC）对检出限的定义为：信号为空白测量值（至少 20 次）的标准偏差的 3 倍所对应的浓度（或质量），即置信度为 99.7%时被检出的待测物的最小浓度或最小量。分析方法不同，检出限的规定也不同。

8.2.1.3　灵敏度

灵敏度是指待测物浓度或质量改变一个单位时所引起的测量信号的变化量，常用标准曲线的斜率来度量。灵敏度因实验条件的不同而不同。不同方法的灵敏度的表示也不同，如在原子吸收光谱法中，常用“特征浓度”或“特征量”表示灵敏度；而在分光光度法中常用摩尔吸光系数（ε）表示；在气相色谱法中，灵敏度是指通过检测器物质的量变化时，该物质响应值的变化率。

8.2.2　监测数据的统计处理

8.2.2.1　数据修约规则

（1）有效数字

有效数字是指在监测分析工作中实际能测量到的数字。一个有效数字由其前面所有的准确数字及最后一位的可疑数字构成，每一位数字均为有效数字。例如用分析天平称量药品时，天平的最小刻度是 0. 000 1 g，如称量的药品质量为 1.564 3 g，前 4 位“1.564”为读取的准确数字，第 5 位“3”是估计的，为可疑数字，但这 5 位都是有效数字。

数字“0”的含义与在有效数字中的位置有关。当它表示与准确度相关的数字时，“0”是有效数字。当它只用于指示小数点位置时，不是有效数字。

①第一个非零数字前的“0”不是有效数字，如 0.002 5 仅有 2 位有效数字。

②非零数字中的“0”是有效数字，如 1.002 5 有 5 位有效数字。

③小数最后一个非零数字后的“0”是有效数字，如 1.250 0 有 4 位有效数字。

④以零结尾的整数，有效数字的位数难以判断。如 12 500 可能是 3 位、4 位、5 位有效数字。若写作 1.25×10^4，则为 3 位有效数字。

（2）数字修约规则

在数据运算过程中，遇到测量值的有效数字位数不相同时，必须舍弃一些多余的数字，以便于运算，这种舍弃多余数字的过程称为数字修约过程。有效数字修约应遵守《数值修约规则》（GB 8170—87）的有关规定，可总结为：

四舍六入五考虑，五后非零则进一，五后皆零视奇偶，五前为偶应舍去，五前为奇则进一。可以方便地记为“四舍六入五成双”。这时修约完成后，最后一位数字应成双（偶）数。

表 8-2 是要求修约到只保留 1 位小数的例子。需要注意的是，若拟舍弃的数字为两位以上数字，应按规则修约一次，不得连续多次修约。如将 15.454 6 修约到四位有效数字时，应该一次修约为 15.45，不能先修约为 15.455，再修约为 15.46。

表 8-2　有效数字修约规则举例

修约前	修约后	规则
14.342 6	14.3	四舍
14.263 1	14.3	六入
14.250 1	14.3	五考虑，五后非零则进一
14.250 0	14.2	五考虑，五后皆零视奇偶，五前为偶应舍去
14.150 0	14.2	五考虑，五后皆零视奇偶，五前为奇则进一
14.050 0	14.0	五考虑，五后皆零视奇偶，五前为偶应舍去（0 视为偶数）

（3）有效数字运算规则

有效数字的运算结果所保留的位数应遵循以下规则：

①在加、减法中，误差按绝对误差的方式传递，运算结果的误差应与各数中

绝对误差最大者相对应。故几个数据相加减后的结果，其小数点后的位数应与各数据中小数点后位数最少的相同。运算时，可先取各数据比小数点后位数最少的多 1 位小数，进行加、减，然后按规则修约。如 1.234 5、2.35、0.258 4 这 3 个数据相加，其中小数点后位数最少的为 2.35。则先将 1.234 5 修约为 1.234，0.258 4 修约为 0.258，然后相加，即 1.234+2.35+0.258=3.842≈3.84。

②在乘、除法中，有效数字的位数应与个数中相对误差最大的数相对应，即根据有效数字位数最少的数来进行修约，与小数点的位置无关。在运算时先多保留 1 位，最后修约。如 1.234 5、2.35、0.258 4 这 3 个数据相乘，1.234 5×2.35×0.258 4=1.234×2.35×0.258=0.748 1742，应修约为 0.75，当数据的第一位有效数字是 8 或 9 时，在乘、除运算中，该数据的有效数字的位数可多算 1 位。如 8.35 应看作 4 位有效数字。

③一个数据乘方和开方的结果，其有效数字的位数与原数据的有效数字位数相同。如 5.35^2=28.622 5，应修约为 28.6。

④对数值，如 pH、lg c 等，其有效数字位数仅取决于小数部分（尾数）数字的位数，因整数部分只代表该数的方次。如 pH=5.42，换算为 [H^+] 浓度时，c_{H^+} = 3.8×10^{-6}（mol/L），为 2 位有效数字，而不是 3 位。

⑤计算式中的系数，常数（π、e 等）、倍数或分数和自然数，可视为无限多位有效数字，其位数多少视情况而定，因为这些数据不是测量所得到的。

另外，求 4 个或 4 个以上测量数据的平均值时，其结果的有效数字的位数增加 1 位；误差和偏差的有效数字通常只取 1 位，测定次数很多时，方可取 2 位，并且最多只取 2 位，但运算过程中先不修约，最后修约到要求的位数。

8.2.2.2 可疑数据的取舍

（1）狄克逊（Dixon）检验法

①适用于一组测量值的一致性检验和剔除离群值。

②将一组测量数据从小到大依次排列为 x_1、x_2、…、x_n，x_1 和 x_n 分别为最小可疑值和最大可疑值。

③按表 8-3 中的计算式求 Q。

④根据给定的显著性水平（α）和样本容量（n），从表 8-4 中查得临界值。

⑤若 $Q \leqslant Q_{0.05}$ 则可疑值为正常值；若 $Q_{0.05} < Q \leqslant Q_{0.01}$ 则可疑值为偏离值；若 $Q > Q_{0.01}$ 则可疑值为离群值。

表 8-3 狄克逊检验统计量（Q）的计算公式

n 的范围	可疑数据为最小值（x_1）时	可疑数据为最大值（x_n）时	n 的范围	可疑数据为最小值（x_1）时	可疑数据为最大值（x_n）时
3～7	$Q=\frac{x_2-x_1}{x_n-x_1}$	$Q=\frac{x_n-x_{n-1}}{x_n-x_1}$	11～13	$Q=\frac{x_3-x_1}{x_{n-1}-x_1}$	$Q=\frac{x_n-x_{n-2}}{x_n-x_2}$
8～10	$Q=\frac{x_2-x_1}{x_{n-1}-x_1}$	$Q=\frac{x_n-x_{n-1}}{x_n-x_2}$	14～25	$Q=\frac{x_3-x_1}{x_{n-2}-x_1}$	$Q=\frac{x_n-x_{n-2}}{x_n-x_3}$

表 8-4 狄克逊检验的临界值 $D(\alpha, n)$

n	统计量 γ_{ij} 或 γ'_{ij}	$\alpha=0.05$	$\alpha=0.01$
3		0.970	0.994
4		0.829	0.926
5	γ_{10} 和 γ'_{10} 中较大者	0.710	0.821
6		0.628	0.740
7		0.569	0.680
8		0.608	0.717
9	γ_{11} 和 γ'_{11} 中较大者	0.564	0.672
10		0.530	0.35
11		0.619	0.709
12	γ_{21} 和 γ'_{21} 中较大者	0.583	0.660
13		0.557	0.638
14		0.586	0.670
15		0.565	0.647
16		0.546	0.627
17		0.529	0.610
18		0.514	0.594
19		0.501	0.580
20		0.489	0.567
21		0.478	0.555
22	γ_{22} 和 γ'_{22} 中较大者	0.468	0.544
23		0.459	0.535
24		0.451	0.526
25		0.443	0.517
26		0.436	0.510
27		0.429	0.502
28		0.423	0.495
29		0.417	0.489
30		0.412	0.483

【例题】一组测量值从小到大依次排列为 14.65、14.90、14.90、14.92、14.95、14.96、15.00、15.01、15.01、15.02，检验最小值 14.65 和最大值 15.02 是否为离群值？

解：检验最小值（x_1）=14.65，n=10，x_2=14.90，x_{n-1}=15.01

$$Q=\frac{x_2-x_1}{x_{n-1}-x_1}=0.69$$

由表 8-4 可知，当 n=10，给定显著性水平（α）=0.01 时，$Q_{0.01}$=0.597；$Q>Q_{0.01}$，故最小值 14.65 为离群值，应予以剔除。

检验最大值（x_n）=15.02

$$Q=\frac{x_n-x_{n-1}}{x_n-x_2}=0.083$$

由表 8-4 可知，当 n=10，给定显著性水平（α）=0.05 时，$Q_{0.05}$=0.477；$Q\leqslant Q_{0.05}$，故最大值 15.02 为正常值。

（2）格鲁勃斯（Grubbs）检验法

①用于检验多组测量值的一致性和剔除多组测量值中离群均值。

②有 l 组测定值，每组 n 个测定值的均值分别为 x'_1、x'_2、…、x'_i、…、x'_l，其中最大均值记为 $x'_{\max}$，最小均值记为 $x'_{\min}$。

③由 l 个均值计算总均值（x''）和标准偏差（s_x）

$$x''=\frac{1}{l}\sum_{i=1}^{l}x'_i \qquad s_{x'}=\sqrt{\frac{1}{l-1}\sum_{i-1}^{l}(x'_i-x'')^2}$$

④可疑均值为最大值（$x'_{\max}$）时，按下式计算统计量（T）

$$T=\frac{x''-x'_{\min}}{s_{x'}}$$

⑤根据测定值组数和给定的显著性水平从表 8-5 中查得临界值。

⑥若 $T\leqslant T_{0.05}$，则可疑均值为正常均值；若 $T_{0.05}<T\leqslant T_{0.01}$，则可疑均值为偏离均值；若 $T>T_{0.01}$，则可疑均值为离群均值。

表 8-5 格鲁勃斯检验临界值

n	P		n	P	
	0.95	0.99		0.95	0.99
3	1.153	1.155	17	2.475	2.785
4	1.463	1.492	18	2.504	2.821
5	1.672	1.749	19	2.532	2.854
6	1.822	1.944	20	2.557	2.884
7	1.938	2.097	21	2.580	2.912
8	2.032	2.231	22	2.603	2.939
9	2.110	2.323	23	2.624	2.963
10	2.176	2.410	24	2.644	2.987
11	2.234	2.485	25	2.663	3.009
12	2.285	2.550	30	2.745	3.103
13	2.331	2.607	35	2.811	3.178
14	2.371	2.659	40	2.866	3.240
15	2.409	2.705	45	2.914	3.292
16	2.443	2.747	50	2.956	3.336

8.2.2.3 *t* 检验及其应用

t 检验，也称学生 t 检验（Student's t-test），主要用于样本含量较小（如 $n<30$），总体标准差（σ）未知的正态分布。

当总体呈正态分布时，如果总体标准差未知，而且样本容量 $n<30$，那么这时一切可能的样本平均数与总体平均数的离差统计量呈 t 分布。

t 检验是用 t 分布理论来推论差异发生的概率，与相应的 t 分布临界值（表 8-6）进行比较，从而比较两个平均数的差异是否显著。t 检验分为单总体 t 检验和双总体 t 检验。

表 8-6 *t* 分布临界值

自由度（f）	单侧概率（α）	0.10	0.05	0.025	0.01	0.005
	双侧概率（α）	0.20	0.10	0.05	0.02	0.01
$V=1$		3.078	6.314	12.706	31.821	63.657
2		1.886	2.290	4.303	6.965	9.925
3		1.638	2.353	3.182	4.541	5.841

自由度（f）	单侧概率（α）	0.10	0.05	0.025	0.01	0.005
	双侧概率（α）	0.20	0.10	0.05	0.02	0.01
4		1.533	2.132	2.776	3.747	4.604
5		1.476	2.015	2.571	3.365	4.032
6		1.440	1.943	2.447	3.143	3.707
7		1.415	1.895	2.365	2998	3.499
8		1.397	1.860	2.306	2896	2.355
9		1.383	1.833	2.262	2.821	3.250
10		1.372	1.812	2.228	2.764	3.169
11		1.363	1.796	2.201	2.718	3.106
12		1.356	1.782	2.179	2.681	3.055
13		1.350	1.771	2.160	2.650	3.012
14		1.345	1.761	2.145	2.624	2.977
15		1.341	1.753	2.131	2.602	2.947
16		1.337	1.746	2.120	2.583	2.921
17		1.333	1.740	2.110	2.567	2.898
18		1.330	1.734	2.101	2.552	2.878
19		1.328	1.729	2.093	2.539	2.861
20		1.325	1.725	2.086	2.528	2.845
21		1.323	1.721	2.080	2.518	2.831
22		1.321	1.717	2.074	2.508	2.819
23		1.319	1.714	2.069	2.500	2.807
24		1.318	1.711	2.064	2.492	2.797
25		1.316	1.708	2.060	2.485	2.787
26		1.315	1.706	2.056	2.479	2.779
27		1.314	1.703	2.052	2.473	2.771
28		1.313	1.701	2.048	2.467	2.643
29		1.311	1.699	2.045	2.462	2.756
30		1.310	1.697	2.042	2.457	2.750
40		1.303	1.684	2.021	2.423	2.704
50		1.299	1.676	2.009	2.403	2.678
60		1.296	1.671	2.000	2.390	2.660
70		1.294	1.667	1.994	2.381	2.648
80		1.292	1.664	1.990	2.374	2.639

自由度（f）	单侧概率（α）	0.10	0.05	0.025	0.01	0.005
	双侧概率（α）	0.20	0.10	0.05	0.02	0.01
90		1.291	1.662	1.987	2.368	2.632
100		1.290	1.660	1.984	2.364	2.626
125		1.288	1.657	1.979	2.357	2.616
150		1.287	1.655	1.976	2.351	2.609
200		1.286	1.653	1.972	2.345	2.601
∞		1.282	1.645	1.960	2.326	2.576

（1）单总体 t 检验

单总体 t 检验是检验一个样本平均数与一已知的总体平均数的差异是否显著。当总体分布是正态分布时，如总体标准差（σ）未知且样本容量（n）<30，那么样本平均数与总体平均数的离差统计量呈 t 分布。检验统计量

$$t=\frac{\overline{X}-\mu}{\frac{\sigma_X}{\sqrt{n-1}}}$$

如果样本是属于大样本（n>30）也可写成：

$$t=\frac{\overline{X}-\mu}{\frac{\sigma_X}{\sqrt{n}}}$$

式中，t—— 样本平均数与总体平均数的离差统计量；

$\overline{X}$—— 样本平均数；

μ—— 总体平均数；

σ_X—— 样本标准差；

n—— 样本容量。

（2）双总体 t 检验

双总体 t 检验是检验两个样本平均数与其各自所代表的总体的差异是否显著。双总体 t 检验又分为两种情况，一是相关样本平均数差异的显著性检验，用于检验匹配而成的两组被试获得的数据或同组被试在不同条件下所获得的数据的差异性，这两种情况组成的样本即为相关样本。二是独立样本平均数的显著性检验。各实验处理组之间毫无相关存在，即为独立样本。该检验用于检验两组非相关样

本被试所获得的数据的差异性。

现以相关检验为例，说明检验方法。因为独立样本平均数差异的显著性检验完全类似，只不过 $r=0$。

相关样本的 t 检验公式为

$$t=\frac{\overline{X_1}-\overline{X_2}}{\sqrt{\frac{\sigma_{X_1}^2+\sigma_{X_2}^2-2\gamma\sigma_{X_1}\sigma_{X_2}}{n-1}}}$$

式中，$\overline{X_1}$、$\overline{X_2}$—— 两样本平均数；

$\sigma_{X_1}^2$、$\sigma_{X_2}^2$—— 两样本方差；

σ_{X_1}、σ_{X_2}—— 两样本标准差；

γ—— 相关样本的相关系数。

（3）直线相关和回归

直线相关是分析两个不分主次的变量间的线性相关关系，适用于双变量正态分布。

相关并不表示一个变量的改变是另一个变量变化的原因，也有可能同时受其他因素的影响。相关分析的任务是对相关关系给出定量的描述。

8.2.3　监测数据的成果表述和解释

8.2.3.1　监测数据的成果表述

（1）正态分布

正态分布（Normal Distribution）又名高斯分布（Gaussian Distribution），是一个在数学、物理及工程等领域都非常重要的概率分布，在统计学的许多方面有巨大的影响力。若随机变量 X 服从一个数学期望为 μ、方差为 σ^2 的高斯分布，记为 N（μ，σ^2）。其概率密度函数为正态分布的期望值（μ）决定了其位置，其标准差（σ）决定了分布的幅度。因其曲线呈钟形，因此又经常被称为钟形曲线（图 8-3）。我们通常所说的标准正态分布是 $\mu=0$，$\sigma=1$ 的正态分布。

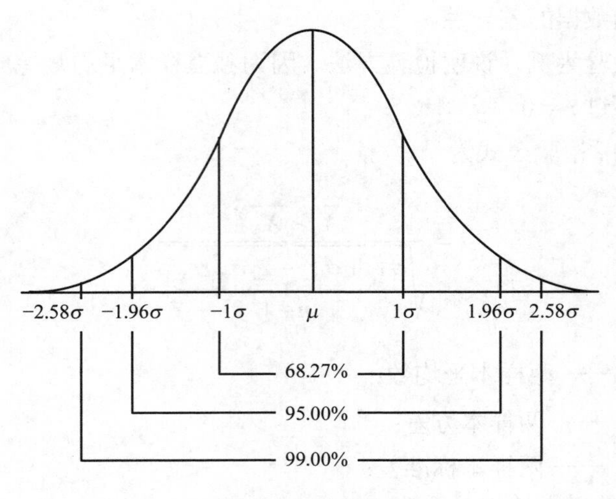

图 8-3　正态分布

（2）数据与误差

1）平均数

平均数代表一组变量的平均水平或集中趋势，样本观测中大多数测量值靠近平均数。平均数有以下 5 种。

①算术均数（x'）：$x' = \dfrac{\sum x_i}{n}$。

②总体均数（μ）：$\mu = \dfrac{\sum x_i}{n}$，$n \to \infty$。

③几何均数：当变量呈等比关系，常需用几何均数（x_g'），$x_g' = (x_1、x_2、\cdots、x_n)^{1/n}$。

④中位数：将各数据按大小顺序排列，位于中间的数据。若为偶数取中间两数的平均值。

⑤众数：一组数据中出现次数最多的一个数据。

2）误差和偏差

测量值和真值的不一致性用数值表示即为误差。误差可分为系统误差、随机误差、过失误差。单个测量值与多次测量均值之差叫偏差，它分为标准偏差和相对标准偏差等。

①系统误差（可测误差、恒定误差、偏倚）：指测量值的总体均值与真值之间

的差别，是由测量过程中某些恒定因素造成的，在一定条件下具有重现性，并不因增加测量次数而减少系统误差，方法、仪器、试剂、恒定的操作人员或恒定的环境等均能造成系统误差。

②随机误差（偶然误差、不可测误差）：是由测量过程中各种随机因素的共同作用所造成的，其遵从正态分布规律。

③过失误差：是由测量过程中犯下不应有的错误造成的，它明显地歪曲了测量结果，因而一经发现必须及时改正。

④标准偏差（s 或 SD）：$s=\sqrt{\frac{1}{n}\sum_{i=1}^{n}(x_i-x')^2}=\sqrt{\frac{1}{n}S}$ 。

⑤相对标准偏差（变异系数，C_{v}）：样本标准偏差在样本均值中所占的百分数，$C_{\text{v}}=\frac{s}{x'}\times 100\%$ 。

8.2.3.2　监测数据的成果解释

环境监测数据的解释包括概括、分析和解释三方面。概括是指数据的归纳方式，分析是指将数据计算出所需要的参数为解释数据服务，解释是指数据的意义。环境监测数据解释的基本程序是先将数据进行科学概括，然后按目的进行数据分析，最后对监测数据解释。

（1）监测数据的概括

任何一份环境质量状况报告都不可能引用全部原始监测数据，只能选取有代表性的数据来说明环境质量问题。因此便需要识别哪些数据具有“代表性”。为此，必须对大量的原始监测数据进行概括，概括的方法主要有：①频数分布概括法，包括百分位数法、条图法和直方图法。②中心趋势概括法，如前述的算术平均值、中位数、众数和几何均数等。③分散度概括法。上述几种概括法不能说明数据的可信度，故还应进行分散度的概括，一般用全距离和标准差。④空间概括法。前述的各种概括法能较好地反映时间变化规律，但还要分析空间变化规律，最常用的方法是绘制等浓度线地图。

（2）检测数据的分析

1）数据集的完整性分析

在环境监测的实践中，人们从实用的角度出发试图解决数据集不完整的问题，并研究了不少统计近似方法。但无论使用哪种方法，对数据总体分布规律的了解都是必不可少的。需要注意的是，采样频数的减少、取得的数据集总体的变异性增加，会引起计算的统计指标的精度降低。以空气监测为例，如果每隔一天取 24 h 的样品，则每天采样所得的年平均值的偏差，实际上常小于±2%；如果每第 12 天取 24 h 的样品，则年平均值的偏差是±5%。显然，由于数据集不完整，污染发生的最大值限可能被低估了。

2）频数分布规律的分析

频数分布和累计数分布都能恰当地描述不同地点和不同时间中某种污染物的实际污染情况，再利用整个测量时间的平均浓度可知宏观的完整情况。然而，环境污染的随机性很大，其污染数据大多呈偏态分布，所以，对数正态分布近似法为常用的方法。所谓偏态分布，即用浓度频数分布画成的直方图或频数分布曲线是非对称的，为克服这个困难，可通过采用数据的对数来把它转换成正态分布，此时，几何均数及其标准偏差便可完整地说明这种分布规律。

3）数据的时间序列分析

时间序列指在特定的时间内所测量的一组数据，包括连续测量或计划间隔测量的数据。环境监测数据的时间序列主要有两种：一种是周期性时间序列，另一种是趋势性时间序列。对监测数据进行周期性时间序列的分析比较容易，只需将数据进行时间系列的整理即可。

4）对照环境条件的分析

在对监测数据进行分析时，应将环境污染的监测数据与同步环境条件数据结合起来分析，运用相关和回归分析来确定它们之间的关系。如将气象数据和大气污染数据结合成大气污染玫瑰图，将河流通量、纳污量、污染物浓度结合起来分析。

5）污染变化趋势的定量分析

衡量环境污染变化趋势在统计上有无显著性，最常用的技术是 Daniel 趋势检验，使用前述的 Spearman 秩相关系数进行判断。

（3）监测数据的解释（数据的意义）

如何从众多原始监测数据中发现问题、掌握环境质量及其变化趋势是监测数据最终转变为成果的一个重要阶段。孤立的数据只能说明监测对象目前的环境状况，而环境质量的好坏及其变化趋势很难看得出来。此外，对大尺度空间范围，仅凭少量孤立数据来说明环境问题则几乎不可能。这就需要引入环境监测数据的解释工作。

8.2.4　环境质量图

环境质量图是用不同的符号、线条或颜色来表示各种环境要素的质量或各种环境单元的综合质量的分布特征和变化规律的图。环境质量图既是环境质量研究的成果，又是环境质量评价结果的表示方法。好的环境质量图不但可以节省大量的文字说明，而且具有直观、可以量度和对比等优点，有助于了解环境质量在空间上分布的规律和在时间上发展的趋向，这对进行环境区划和制定环境保护措施都有一定的意义。

第 9 章 综合设计实验

9.1 水源地水质状况调查

9.1.1 背景资料及监测任务

水源地保护是指为防治水源地污染、保证水源地环境质量而要求的特殊保护。一般水源地保护应当遵循保护优先、防治污染、保障水质安全的原则。

水源地资料一：官厅水库流域面积 47 000 km^2，设计库容 6 亿 m^3，最高洪水位 483.7 m。官厅水库于 1951 年 10 月动工，1954 年 5 月竣工，主要水流为河北怀来永定河，水库多年来为防洪、灌溉、发电发挥了巨大作用。官厅水库曾经是北京主要供水水源地之一。20 世纪 80 年代后期，库区水受到严重污染，90 年代水质继续恶化，1997 年水库被迫退出城市生活饮用水体系。近 20 余年，通过各种措施和手段对该水库进行了水质保护、周边污染源的控制和治理。目前需要对该水源地进行一次全面的监测，考察其是否可以达到水源地水质要求，能否重新启用该水源地。

水源地资料二：密云水库（图 9-1）位于北京市密云区城北 13 km 处、燕山群山丘陵之中，建成于 1960 年 9 月，面积 180 km^2，环密云水库有 200 km。密云水库库容 40 亿 m^3，平均水深 30 m。密云水库有两大入库河流，分别是白河和潮河。密云水库是华北地区最大的水库，也是首都北京最重要地表饮用水水源地，有“燕山明珠”之称。截至 2021 年 9 月 15 日，密云水库水位 155.18 m，蓄水量 35.59 亿 m^3。截至 2022 年 3 月 23 日，密云水库向下游生态补水已达 12 亿 m^3。对该水源地进行一次全面的监测，考察该水源地水质状况。

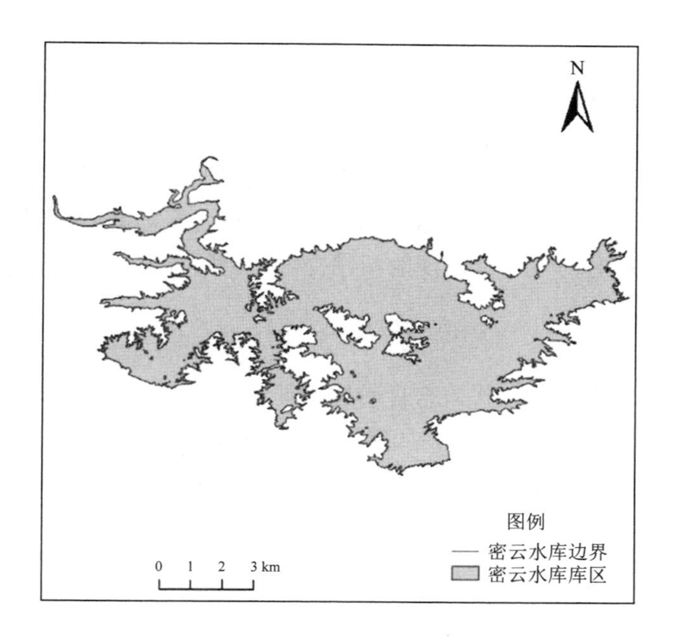

图 9-1 密云水库水域示意图

9.1.2 组织和分工

根据以上两个水源地资料，选择其一作为监测对象即可。

水源地面积大、水深较深，需要联系属地管理部门，通过采样船进行采样。提前安排好人员分组、分工，协调采样，在1天内完成整个水库的采样，相互协调，通力合作。

9.1.3 监测方案的制定

①现场初步调查：确定调查范围，水库水面宽度、水深，根据水库水流方向，确定对照断面、控制断面及削减断面，并用GPS进行定位标记。同时对水库周边用地进行简要整理和记录。

②制定监测方案：除常规监测指标（水温、pH、透明度、氨氮、硝酸盐、亚硝酸盐、挥发酚、六价铬、总硬度、溶解固体物、高锰酸盐指数、硫酸盐、氯化物、大肠菌群，以及其他反映本地区主要水质问题的指标）以外，考虑是否需要增加控制指标（与水源地功能有关）。

③水库断面、垂线、采样点确定：提前画好水库示意图，根据水库长度设置断面；根据断面宽度设置垂线；根据水深设置采样点；将确定好的采样点的数量多少及位置在图上标出，并根据之前的分组分工，进行样品采集。

④采样仪器、设备的清单及准备。根据确定好的监测项目、样品采集数量、不同测试指标需要采用的样品容器，列出清单，准备好需要的仪器及设备，备上冰袋及保温箱。同时对于可能出现的问题提出一定的预案及准备。

9.1.4 实施

做好个人安全及防护工作，合理着装，准备好手套、口罩、帽子、墨镜等必备物品。按计划和分工实施监测，如现场发现问题，按预案或实际情况进行调整。需要现场固定的及时固定，所有样品带回实验室及时分析，进行平行样、空白样等实验室质量控制，分析、整理数据，计算、标准比对及讨论。

9.1.5 报告的编写

按照生态环境部有关要求，编写一份完整的水源地环境质量报告。

9.2 突发性环境污染事件应急监测方案

9.2.1 污染事件发生经过

突发环境事件是指由于污染物排放或自然灾害、生产安全事故等因素，导致污染物或放射性物质等有毒有害物质进入大气、水体、土壤等环境介质，突然造成或可能造成环境质量下降，危及公众身体健康和财产安全，或造成生态环境破坏，或造成重大社会影响，需要采取紧急措施予以应对的事件，主要包括大气污染、水体污染、土壤污染等突发性环境污染事件和辐射污染事件。

自某化工厂的硫酸锌生产线投产以来，厂区总共建了 4 个大的废水处理池（含高浓度铅、镉等重金属），开工几个月后，4 个池均已装满。此后 1 年多，这 4 个露天废水池一直是满的。一下雨就漫溢，有多的生产废水排进来，也都溢出去了。另外，厂区内长期露天堆置矿渣泥，占地 1～2 亩（1 亩≈666.7 m^2），一下雨，50～60 m 外的村民屋前屋后便出现红色污水流。两年后，附近村民实在无法忍受这样的污水对土壤的污染，经过对这些溢出来的废水自行采样化验后，投诉举报——这些生产废水中的镉、铅等重金属含量严重超标，担心地下水、土壤已经受到严重污染，生活和身体健康受到威胁，请求政府部门介入调查。

9.2.2　现场处置

①通知化工厂立即停止生产，阻断废水排放、封存废渣及相关生产垃圾，有关损失待后处置。

②立即通知生态环境局、生态环境监测站有关人员携带必要仪器设备到现场。

③重点对化工厂周边 500～1 200 m 范围内的农田灌溉用地、地下水、饮用水、当季庄稼作物等进行分类采样。

④相关政府人员及监测采样人员到达现场。

9.2.3　提出问题

根据现场初步调查，要求环境监测人员完成如下任务：

①根据情况提出应急处置方案（包含土壤、地下水、庄稼等），供领导决策。

②进一步观测、监测，提出善后处置方案和生态恢复计划。

9.2.4　提示

本实验要求仿照实际情况，制定应急监测、应急处置、跟踪监测、善后处置、生态恢复方案，也可以研究提供对化工厂、农民和生态恢复的赔偿清单。

①应急监测：尽快安排对化工厂周边 500～1 200 m 范围内的农田灌溉用地、地下水、饮用水、当季庄稼作物等进行分类采样，在最短时间内提供相应数据，根据污染状况落实当地居民的饮用水供给方案、土壤污染状况及当季庄稼是否可以继续耕种收获等工作安排，以及化工厂恢复生产的条件。

②跟踪监测：在应急处置后直到生态恢复前进行，确定监测项目、监测频率，定期公开发布地下水、土壤、庄稼的污染状况。

③生态恢复：参照污染区域原始监测数据作为生态恢复依据，制订土壤恢复计划及措施，确定化工厂恢复生产的条件等。

在无预案的情况下，突发事件处置顺序大致如下所述：

《突发环境事件应急管理办法》明确生态环境部门和企业事业单位在突发环境事件应急管理工作中的职责定位，从风险控制、应急准备、应急处置和事后恢复

4 个环节构建全过程突发环境事件应急管理体系，处置顺序包含事件突发/投诉接办—抵达现场—阻断污染源—相关人员现场调查、监测—了解污染物扩散速度、范围、浓度—制定应急处置方案—现场采样处理—应急终止—追究责任、善后处置—跟踪监测、生态恢复。

事件后续监测结果通报：①化工厂厂区周边 500～1 200 m 范围内部分土壤监测点位中，镉含量轻度超标；厂区周边 1 200 m 以外的土壤监测点位中，除个别点位镉含量有超标现象外，其余均达标。②所有监测井水、地表灌溉水中镉浓度均未超标。③化工厂废渣、废水、粉尘、地表径流、原料产品运输与堆存，以及部分村民使用废旧包装材料和压滤布等，是造成该区域土壤镉污染的主要原因。

9.3 海水环境质量遥感监测

9.3.1 实验原理、背景资料及监测任务

（1）原理

海水环境的遥感监测是基于污染水的光谱效应。被污染水体具有不同于清洁水体的光谱特征，这些光谱特征体现在对特定波长的吸收或反射，而且这些光谱特征能够被遥感器捕获并在遥感图像中体现出来。溶解或悬浮于水中的污染物成分、浓度等的不同，导致水体对不同波长光的吸收和散射也不同，进而引起水体颜色、密度、透明度等表观参数的差异（水的组分含量不同，水体的反射光谱差异显著）。因此，通过遥感系统测量并分析水体吸收和散射太阳辐射而形成的光谱特征，是水质遥感定量监测的基础。

（2）特点

①监测范围广、速度快、成本低；②便于长期动态监测；③揭示污染源及其扩散的状态；④污染物的排放源、扩散方向、影响范围及与清洁水混合稀释。

（3）方法

叶绿素 a 是最重要的水质参数之一。它能反映水中浮游生物和初级生产力的分布，其含量变化可以反映水体富营养化程度。叶绿素 a 吸收的蓝光和红光较多，而绿光较少，因此随叶绿素 a 浓度增加，海水的后向散射光谱即海水的颜色从深蓝逐渐转变为绿色。

不同浓度浮游植物光谱曲线在 440 nm 处出现明显的吸收峰，在 502 nm 处出现独立于叶绿素 a 浓度的“节点”。在“节点”处，海面反射率随叶绿素浓度变化不大。在 550 nm 附近，普遍出现反射峰值。随水体叶绿素 a 浓度越高，其辐射峰值也越高。这是叶绿素遥感的波谱基础。

（4）遥感监测任务

监测厦门同安湾海域水体的叶绿素 a 含量。

由于人类的活动，将大量工业废水、生活污水以及农田径流中的植物营养物质排入海湾等缓流水体后，藻类大量繁殖，使生物量的种群、种类数量发生改变，破坏了水体的生态平衡。大量死亡的水生生物沉积到湖底，被微生物分解，消耗大量的溶解氧，使水体溶解氧含量急剧降低，水质恶化，以致影响鱼类的生存，大大加速了水体的富营养化过程。海水水体出现富营养化时，一些浮游生物暴发性繁殖，使水变成红色，因此也叫“赤潮”。这些藻类散发恶臭、有毒，鱼类不能食用。藻类遮蔽阳光，使水生植物因光合作用受到阻碍而死去，水生植物腐败后放出氮、磷等植物的营养物质，再供藻类利用。这样年长月久，造成恶性循环，藻类大量繁殖，水质恶化而有腥臭，造成鱼类死亡。

同安湾海域位于厦门岛的东北部，海湾海域面积约为 91 km^2，为半封闭海湾，西部和北部水浅，多为滩涂，南部及东部湾口水域较深。同安湾海域主要以水产养殖业和盐业为主，水产养殖面积 40 km^2，是重要的养殖区。由于海堤的建设和滩涂的围垦，减少了纳潮量，降低了潮流冲刷能力，加剧了海域的淤积，影响了海域生态环境。周边经济的发展，生活污水和工业废水排放量的增加，水产养殖规模的扩大，给同安湾环境造成了潜在的危险。从遥感影像中采集此区域水体叶绿素 a 含量数据，校正计算叶绿素 a 的含量，并对该区域进行评价。

9.3.2　组织和分工

厦门同安湾海域面积大、水深较深，且与海水相连，数据采集时需要记录涨潮、落潮时间，提前从遥感数据站中做好监测区域的界限，并根据水面区域大小做好数据读取点的定位及采样点的多少，根据藻类暴发时间读取数据，同时记录天气情况。同时对确定的点位进行该区域实际水样的采集，运输至实验室内进行监测。

9.3.3　监测方案及步骤

①实地水样的采集以及水质实测数据的时空分析；

②遥感影像数据的选择与申请，需要与实测数据在时间上保持同步；

③进行实则数据的分析和遥感数据的预处理，包括辐射校正、大气校正以及几何校正等；

④对遥感数据和实测水样数据进行相关性分析，找出与各水质变相相关性最为密切的遥感波段或波段组合；

⑤利用水质实测数据和遥感数据构建水质遥感反演模型与评价模型。

9.3.4 报告撰写

按照监测的步骤及生态环境部有关要求，编写一份完整的海域水体叶绿素 a 的监测报告。

9.3.5 问题分析

对水体的内在光学特性的了解不够深入：水体的光学特性是决定水体光谱特征的本质因素，将直接影响水色，只有充分把握了水体的光学特性才能从遥感数据中发现水体中物质成分的区别，但目前这方面的研究仍然比较欠缺。

遥感监测的水质参数有限，主要集中于悬浮物、叶绿素 a 浓度、透明度和浊度等，对于水体中重要的物质——黄色物质的研究不够多，这将直接影响对悬浮物和叶绿素遥感估算的精度，因黄色物质是影响水体光谱特征的一个重要因素，对于 BOD_5、COD、DO、TN、TP 等水质参数的可行性分析与定量研究更少。

反演方法的精度不高、适用性差：反演方法主要是以经验、半经验方法为主，分析方法由于参数获取原因研究较少，但经验、半经验方法受时空限制较大，推广上受到很大限制，而分析方法是从机理出发，具有物理意义且适用性强，因此应重视对分析方法的研究，以提高模型的适应度。

9.4 城市环境噪声监测

9.4.1 噪声监测原理及仪器

（1）噪声监测原理

噪声是指不希望听见的、不喜欢的声音。噪声传播包含声源、媒质、受声点三个要素。噪声污染监测是对干扰人们学习、工作和生活的声音及其声源进行的监测活动。城市环境噪声监测包括城市区域环境噪声监测、城市交通噪声监测、城市环境噪声长期监测和城市环境中扰民噪声源的调查测试等。噪声监测结果一般以 A 计权声级（简称 A 声级）表示，计作 dB（A）。

（2）噪声监测仪器

声级计是在噪声测量中最基本和最常用的一种声学仪器，它不仅具有不随频率变化的平直频率响应，可用来测量客观量的声压级，而且还有模拟人耳频响特性的 A、B 和 C（有的还有 D）计权网络，可作为主观声级测量。它的“快”“慢”挡装置可对涨落较快噪声作适当反应，以反映和观察噪声性质。基本测量仪器为精密声级计或普通声级计。仪器使用前应按规定进行校准，检查电池电压，测量后要求复校一次，前后灵敏度不大于 2 dB，如有条件可使用录音机、记录器等。中国计量科学研究院根据国际电工委员会（IEC）61672-1：2002《电声-声级计-第一部分：技术要求》制定了《声级计检定规程》(JJG 188—2002)，按测量的精度和稳定性分类，声级计分为两级四型，1 级声级计包含 0 型和 1 型，为精密型声级计，频率范围是 20～12 500 Hz，供研究工作用；2 级声级计包含 2 型和 3 型，为普通型声级计，频率范围是 31.5～8 000 Hz，适用于一般测量和普通调查。脉冲精密声级计除用于测量稳态声源功率外，主要用于测量机器撞击和枪炮发射的脉冲噪声。

9.4.2 噪声的监测方案及注意事项

9.4.2.1 城市区域环境噪声监测

（1）布点

将要普查测量的城市区域分成等距离网格（如 500 m × 500 m)，测量点设在每个网格中心，若中心点的位置不宜测量（如房顶、污沟、禁区等)，可移到旁边能够测量的位置。网格数不应少于 100 个。

（2）测量

测量时一般应选在无雨、无雪时（特殊情况除外)，声级计应加风罩以避免风噪声干扰，同时也可保持传声器清洁。4 级以上大风应停止测量。

声级计可以手持或固定在三脚架上。传声器离地面高 1.2 m。放在车内的，要求传声器伸出车外一定距离，尽量避免车体反射的影响，与地面距离仍保持

1.2 m 左右。如固定在车顶上要加以注明，手持声级计应使人体与传声器距离 0.5 m 以上。

测量的量是一定时间间隔（通常为 5 s）的 A 声级瞬时值，动态特性选择慢响应。

（3）测量时间

分为白天（6：00—22：00）和夜间（22：00—6：00）两部分。白天测量一般选在 8：00—12：00 时或 14：00—18：00 时，夜间一般选在 22：00—5：00 时，随地区和季节不同，上述时间可稍做更改。

（4）测点选择

测点选在受影响者的居住或工作建筑物外 1 m，传声器高于地面 1.2 m 以上的噪声影响敏感处。传声器对准声源方向，附近应没有别的障碍物或反射体，无法避免时应背向反射体，应避免围观人群的干扰。测点附近有什么固定声源或交通噪声干扰时，应加以说明。

按上述规定在每个测量点，连续读取 100 个数据（当噪声涨落较大时应取 200 个数据）代表该点的噪声分布，白天和夜间分别测量，测量的同时要判断和记录周围声学环境，如主要噪声来源等。

9.4.2.2 城市交通噪声监测

（1）布点

在每两个交通路口之间的交通线上选择一个测点，测点设在马路边的人行道上，离马路 20 cm，距路口的距离应大于 50 m。长度小于 100 m 的路段，测点选在路段中间。这样的点可代表两个路口之间的该段道路的交通噪声。

（2）测量

测量时应选在无雨、无雪的天气进行。测量时间同城市区域环境噪声要求一样，一般在白天正常工作时间内进行测量。每隔 5 s 记 1 个瞬时 A 声级（慢响应），连续记录 200 个数据。测量的同时记录车流量（辆/h）。

9.4.2.3 机场周围飞机噪声监测

机场周围飞机噪声环境标准《机场周围飞机噪声环境标准》（GB 9660—88）采用计权等效连续感觉噪声级（L_{WECPN}，dB）作为机场周围环境噪声的评价量。本书采用其中的简易法，对大兴机场周边的噪声进行监测。

（1）测量条件

气候条件为无雨、无雪、地面上 10 m 高处的风速不大于 5 m/s，相对湿度不应超过 90%，不应小于 30%。飞机噪声监测测点选在户外平坦开阔的地方，传声器高于 1.2 m、离开其他反射壁面 1.0 m 以上。注意避开高压电线和大型变压器。所有测量都应使传声器膜片基本位于飞机标称飞行航线和测点所确定的平面内。

监测周期为 1 周 7 d × 24 h 连续监测，监测 1 周内每天 24 h 内的所有航班。每次记录每架飞机的起降状态，同时记录飞机飞过时的 $L_{A_{max}}$（dB）最大值和 $L_{A_{max}}$ 出现前后上升和下降 10 dB 的持续时间 T_d（s）。

（2）布点

机场周围飞机噪声监测点的设置可分为两种：

①在机场附近的噪声敏感点设测点，如机场附近的村庄、居民点、医院、学校等。

②在机场跑道附近区域按网格法监测布点，可按 1 000 m × 500 m 划分监测网格点，由于等值线基本沿跑道中心线对称，监测网格点可设在机场航站楼区另一侧，一般不少于 40 个测点。

9.4.3 数据处理

9.4.3.1 城市区域噪声

（1）数据处理

由于环境噪声是随时间而起伏的非稳态噪声，因此测量数据一般用统计噪声级或等效连续 A 声级表示，即把测定数据代入有关公式，计算 L_{10}、L_{50}、L_{90}、L_{eq} 的算术平均值（L）和最大值及标准偏差（σ），确定城市区域环境噪声污染情况。

（2）评价方法

①数据平均法：将全部网点测得的连续等效 A 声级做算术平均运算，所得到的算术平均值就代表某一区域或全市的总噪声水平。

②图示法，即用区域噪声污染图表示。为了便于绘图，将全市各测点的测量结果以 5 dB 为一等级，划分为若干等级（如 56～60 dB、61～65 dB、66～70 dB……分别为一个等级），然后用不同的颜色或阴影线表示每一等级，绘制在城市区域的网格上。

9.4.3.2 城市交通噪声

（1）数据处理

测量结果一般用统计噪声级和等效连续 A 声级来表示。将每个测点所测得的 200 个数据按从大到小排列，第 20 个数据即为 L_{10}，第 100 个数据即为 L_{50}，第 180 个数据即为 L_{90}。经验证明城市交通噪声测量值基本符合正态分布，因此，可直接用近似公式计算等效连续 A 声级和标准偏差值。

$$L_{eq} \approx L_{50} + d^2/60, \quad d = L_{10} - L_{90}$$

L_{10}、L_{50} 和 L_{90} 是测量的 200 个数据按由大到小排列后，第 20 个、第 100 个和第 180 个数对应的声级值。

（2）评价方法

①数据平均法：若要对全市交通干线的噪声进行比较和评价，必须把全市各干线测点对应的 L_{10}、L_{50}、L_{90}、L_{eq} 的各自平均值、最大值和准标偏差列出。

②图示法，即用噪声污染图表示。当用噪声污染图表示时，评价量为 L_{eq} 或 L_{10}，按 5 dB 一等级，以不同颜色或不同阴影线画出每段马路的噪声值，即得到全市交通噪声污染分布图。

9.4.3.3 机场噪声

（1）数据处理

根据国家标准的规定，每个监测点一般要进行 1 个周期航班即 1 周的监测。但是，根据以往机场噪声监测的经验，当一个测点测量的飞机架次超过 100 架以后，有效感觉噪声级 L_{epni}（dB）的能量平均值 L_{EPN}（dB）趋于稳定。对于日平均起降达 200 架次以上的机场可以在各点进行 1 昼夜的监测，得出机场周围某点的评价量 L_{WECPN} 的关键值平均 L_{EPN}。

计算一次飞行事件的有效感觉噪声级：

$$L_{epni} = L_{Amax} + 10\lg（T_d/20）+ 13$$

平均有效感觉噪声级 L_{EPN} 计算如下：

$$L_{EPN} = 10\lg\left[（\Sigma 10^{0.1L_{epni}}）/ N\right]$$

式中，L_{epni} —— 每次飞机飞过时的有效感觉噪声级。

机场周围某点1昼夜的计权等效连续感觉噪声级 L_{WECPN}：

$$L_{WECPN}=L_{EPN}+10\lg(N_1+3N_2+10N_3)-39.4$$

式中，N —— 1昼夜总飞行架次；

N_1 —— 白天的飞行架次；

N_2 —— 傍晚的飞行架次；

N_3 —— 夜间的飞行架次，N_1、N_2、N_3 可用周起降平均值；

L_{EPN} —— L_{epni} 的能量平均值。

监测时段划分：白天7：00—19：00；傍晚19：00—22：00；夜间22：00—次日7：00。

（2）评价方法

①数据平均法：计算出某机场1昼夜的计权等效连续感觉噪声级 L_{WECPN}，可按不同时间段求出其 L_{WECPN}，分析不同时间段的噪声污染情况。

②图示法，即用噪声污染图表示。按5 dB一等级，以不同颜色或不同阴影线画出每个监测点的噪声值，即得到机场周围的噪声污染分布图。

9.4.4　噪声监测任务及报告

选择上述3种城市噪声监测中的一种进行噪声监测布点、监测时间、监测频次、数据记录、数据处理、数据分析及评价方面的详细内容，参照相应的标准整理出规范的监测报告。

9.4.5　噪声污染综合防治

噪声污染综合防治是指综合运用噪声控制技术措施以便经济有效地控制一个特定区域的噪声。主要防治措施有以下3种。

①控制声源：采用合理的操作方法等以降低声源的噪声发射功率；利用声的吸收、反射、干涉等特性，以控制声源的噪声辐射。

②控制传声途径：包括使噪声源远离需要安静的地方，控制噪声的传播方向，建立隔声屏障，应用吸声材料和吸附结构，合理规划城市防噪布局。

③接收者的防护：包括佩戴护耳器，减少在噪声中的暴露时间，根据听力检测结果，适当调整噪声环境中的工作人员等。

9.5 环境急性毒性监测

9.5.1 污染事件发生经过

广西镉污染事件：2012 年 1 月 15 日，广西河池市辖区内的宜州市龙江河拉浪水电站内，养殖网箱突然出现死鱼。宜州市环保部门经过调查发现，死鱼是由龙江河宜州拉浪段镉浓度严重超标引起的，龙江水体已遭受严重的镉污染，龙江沿岸及下游居民饮水安全遭到严重威胁。

9.5.2 急性毒性监测原理

急性毒性实验的主要目的是确定化学物质的毒性程度、剂量—反应关系，根据待测化学物质与其他已知毒性化学物质的相对毒性，推定具体的理化性质，测定其急性毒作用，以及提供毒作用模型方面的资料。此外，这种研究也能指出化学物质可能的靶器官及其特异性毒作用，并对亚慢性毒性试验研究中的所用剂量提供指导。外源化合物的毒作用往往通过某一染毒持续时间的半致死量/浓度（LD_{50}/LC_{50}），或化学物质在空气中某一染毒浓度的半致死时间（LT_{50}），或用半数效应量（ED_{50}）或半数有效浓度（EC_{50}）来估计表示［如化学物质在水中浓度对水生生物（如无脊椎动物、鱼虾）的死亡不易鉴别时使用］。水生生物的急性毒性实验广泛应用于水域环境污染监测工作中，对控制工业废水的排放，保护水域环境，制定水质标准，发展水产品的生产，具有重大意义。

鱼类对水环境的变化反应十分灵敏，鱼类毒性实验在研究水污染及水环境质量中占重要地位。当水体中的污染物达到一定程度时，就会引起一系列鱼类中毒反应，如行为异常、生理功能紊乱、组织细胞病变直至死亡。在规定的条件下，使实验鱼接触含不同浓度受试物的水溶液，实验至少进行 24 h，最好以 96 h 为 1 个实验周期，在 24 h、48 h、72 h、96 h 时记录实验鱼的死亡率，确定实验鱼死亡 50%时的受试物浓度。本实验将经过曝气驯化的鱼（保证其初始状态一致），放入不同浓度的氯化镉溶液中进行 96 h 的观察，记录不同浓度组 6 h、24 h、48 h、72 h 和 96 h 实验鱼的死亡率，得出剂量—死亡率曲线，求出不同时间的 LC_{50}。

9.5.3　实验材料与方法

9.5.3.1　实验材料

①待测化学物：使用实验试剂——氯化镉（$CdCl_2$）溶液（Cd^{6+}浓度为 2 000 mg/L）。配制一系列浓度梯度溶液，本实验的浓度梯度为 5 个浓度梯度和 1 个空白对照，即 200 mg/L、150 mg/L、100 mg/L、50 mg/L、20 mg/L、0 mg/L。每组 3 个同学，各自配制不同浓度系列的氯化镉溶液。

②实验动物：云纹石斑鱼、金鱼等（从鱼市购买）：用曝气后的自来水驯养 3 d，补充氧气以保证溶解氧的浓度。

9.5.3.2　实验条件及处理：静态方法

（1）预实验

一般用 3～5 只动物，用对数比例形成的系列浓度，如 0.01 mg/L、0.1 mg/L、1 mg/L、10 mg/L、100 mg/L，同时做一对照（如受试物为废水，采用体积百分比浓度，如 0.01%、0.1%、1%、10%、100%）从中寻找理想的范围。因为时间限制，本实验中学生不做预实验。

（2）正式实验

计算并配制氯化镉系列浓度的溶液，选择健康的鱼，放入不同浓度（0 mg/L、20 mg/L、50 mg/L、100 mg/L、150 mg/L、200 mg/L）的氯化镉溶液中，每个浓度的鱼缸里加入 10 条鱼，设 1～3 个平行。

经过 6 h、24 h、48 h、72 h、96 h 后检查受试鱼的状况。如果没有任何肉眼可见的运动，如鳃的煽动、碰触尾柄后无反应等，即可判断该鱼已死亡，观察记录死亡鱼的数量并将死亡个体挑出。应在实验开始后 6 h 内观察各处理组鱼的状况，并记录实验鱼的异常行为（如鱼体侧翻、失去平衡、游泳能力和呼吸能力减弱、色素沉积等）。

理论上实验开始和结束时要测定 pH、溶解氧和温度。实验期间，上述指标每天至少测定 1 次。至少在实验开始和结束时，测定实验容器中实验液的受试物浓度。

实验结束时，对照组的死亡率不得超过 10%。

9.5.4 结果与讨论

9.5.4.1 数据处理

①以暴露浓度为横坐标，死亡率为纵坐标，在计算机或对数概率纸上，绘制暴露浓度对死亡率的曲线。用直线内插法或常用统计程序计算 6 h、24 h、48 h、72 h、96 h 的半致死浓度（LC_{50}），并计算 95%的置信限。

如果实验数据不适于计算 LC_{50}，可用不引起死亡的最高浓度（L_{max}）和引起 100%死亡的最低死亡浓度（D_{min}）估算 LC_{50} 的近似值，即这两个浓度的几何平均值［$(L_{max} \times D_{min})^{1/2}$］。

②计算实验开始 24 h、48 h、72 h、96 h 时的 LC_{50}，并进行毒性分级评价（表 9-1）。

表 9-1 鱼类急性毒性实验毒性分级标准

鱼起始 LC_{50}/（mg/L）	毒性分级
＜1	剧毒
1～100	高毒
100～1 000	中等毒
1 000～10 000	低毒
＞10 000	微毒（无毒）

9.5.4.2 实验报告

实验报告的内容包括实验目的、材料、方法、步骤、结果，并对结果进行讨论。

9.6 城市黑臭水体监测方案

9.6.1 背景资料及监测任务

城市黑臭水体，是以透明度、溶解氧、氧化还原电位和氨氮 4 个指标进行水体质量考量的，其中有一项不达标就可称为黑臭水体。根据黑臭程度的不同，可将其细分为“轻度黑臭”和“重度黑臭”两级。

湖北省孝感市作为国家海绵城市建设示范城市，为了考察其海绵城市改造成果，需要对城区 8 条黑臭水体的整治效果进行监测，考察其是否全部消除。截至 2019 年，孝感市城市建成区录入住建部黑臭水体整治监管平台的黑臭水体有 8 条，总长度约 7.79 km。其中，2016 年上报的黑臭水体有 3 条，分别是郑阁社区滚子河支河水体、月湖水体和后湖渠水体，3 条水体黑臭程度均为轻度黑臭；2018 年年底上报住建部平台的黑臭水体有 5 条，分别是水木清华北侧水体、西湖桥黑臭水体、孝南开发区京广铁路桥北水体、南城新区新垸河体（黄花渠）和南城新区渠道河水体，5 条水体黑臭程度均为轻度黑臭。市政府对这 8 条黑臭水体进行整治。坚持“一水一策”，通过安装截污管网，实施底泥清淤、硬质驳岸生态化改造、沿岸绿化和滨水空间建设等措施进行生态修复。严格落实河（湖）长制，对完成整治的 8 条黑臭水体制定长效管护机制，确保长治久清。目前，项目已全部施工完成，为了考察其治理效果，海绵城市建设的相关部门需要对城市水体进行水质监测。

9.6.2　组织和分工

水体数量多、面积大、水深较深，需要提前联系属地管理部门，通过采样船进行采样。提前安排好人员分组、分工，协调采样，尽快完成全部河流的采样，相互协调，通力合作。

9.6.3　监测方案的制定

（1）现场初步调查

确定调查范围，水库水面宽度、水深，根据水库水流方向，确定监测断面，同时了解监测断面周围情况，熟悉采样方法、水样容器洗涤和样品保存技术。有现场测定项目时，应考虑采样时间和路线、采样人员和分工、采样器具和交通工具以及现场测定项目和安全保证，还应掌握有关现场测定技术。遇到地震、台风、洪水等自然灾害情况，可不采样或延期采样，并加以说明。

（2）制定监测方案

测定的指标包括透明度、溶解氧、氧化还原电位和氨氮。现场需要对采样器具、盛装容器、样品瓶进行荡洗，符合要求后方可进行样品采集；同时对透明度、溶解氧、氧化还原电位的测定设备进行校准，样品采集按照《地表水环境质量监测技术规范》（HJ 91.2—2022）中的相关规定执行，采集后的氨氮样品带回实验室尽快分析，如不能立即分析，应加入硫酸使水样酸化至 pH<2，在 2～5℃避光保存，7 d 内测定完毕。样品采集需要采集全程序空白，对采集过程进行全程序质量控制。

（3）水库断面、垂线、采样点的确定

在城市水体的准备勘察材料的基础上，提前画好水体示意图，根据河流长度设置断面；根据断面宽度设置垂线；根据水深设置采样点；将确定好的采样点的数量及位置在图上标出，并根据之前的分组分工，进行样品采集。采样时应保证采样点位置准确，必要时使用定位仪定位，并拍摄水体现场情况，做好记录。不能抵达指定采样位置时，应记录现场情况和调整后的实际采样位置。

（4）采样仪器、设备的清单及准备

根据确定好的监测项目、样品采集数量、不同测试指标需要采用的样品容器，包括水质采样器具、水质静置容器、盛装样品的样品瓶、水质保存过程中使用的保存剂，以及必要的辅助设备。列出设备清单，准备好需要的仪器及设备，设备需经过检定并在有效期内且符合监测分析方法要求。备上冰袋及保温箱。同时对于可能出现的问题提出预案及做好准备。

9.6.4 实施

做好个人安全及防护工作，合理着装，准备好手套、口罩、帽子、墨镜等必备物品。按计划和分工实施监测，如现场发现问题，按预案或实际情况进行调整。需要现场固定的及时固定，所有样品带回实验室及时分析，进行平行样、空白样等实验室质量控制，分析、整理数据，计算、标准比对及讨论。

9.6.5 报告的编写

按照生态环境部的有关要求，编写一份完整的城市黑臭水体监测质量报告。

9.7 有机污染场地监测方案

9.7.1 背景资料及监测任务

在重工业迅速发展的 20 世纪，石油作为产量较大的能源被广泛应用于运输行业，铁路运输行业的崛起为国家发展和经济准备奠定了坚实的基础，而后工业水平提升也使得之前的铁路站点更加完善，火车维修站是铁路运营维护的重要组成部分，承担着车辆及轨道维护工作，也同时充当着机动车的临时车库。随着时间的积累，维修站由于长时间暴露在各类火车泄漏的有机污染物中，极易导致区域内土壤及地下水受到一定程度的有机污染，并扩散到周边地区。研究中报道的有机物对人体健康的危害层出不穷，因此，对污染场地进行有机物污染物监测和处置至关重要。

某地区一大型火车维修站旧址，场地面积约 7 500 m^2。该维修站于 20 世纪 60 年代建成，拥有 60 余条连接周边火车站的轨道，曾是该地区最大的火车维修站。火车维修站经过长时间的运行，其周边的土壤与地下水受到了有机物的污染。该维修站目前已停用，但其污染问题仍未得到合理的应对。近年来，由于我国对环境问题越来越重视，决定对该火车维修站片区的土壤污染状况进行详细调查，以确定污染物的种类、浓度水平及空间分布，并着手尝试解决相关的污染问题。

本项目主要任务包括评估初步采样准备工作、制定采样方案以及制定样品分析方案等，根据检测结果进行统计分析，确定区域关注污染物的种类、浓度水平和空间分布。

9.7.2　组织和分工

该火车维修站占地面积大，需要联系属地管理部门协调时间。提前安排好人员分组、分工，协调采样，在 1 d 内完成整个维修站的采样，相互协调，通力合作。

9.7.3　监测方案的制定

（1）现场初步调查

确定维修站的调查范围，标定相应区域，同时对维修站周边用地及环境进行简要的整理与记录。

（2）采样点确定

提前完成维修站的示意图，根据维修站长度及宽度确定采样方式设置采样点；将确定好的采样点的数量及位置在图上标出，并依照先前的分组与分工，进行样品采集。

（3）制定监测方案

由于污染场地为火车维修站旧址，其主要污染物为石油烃，但不排除其他污染物的存在。根据初步调查及检测，确定相应的控制指标。

（4）用品清单

根据确定好的监测项目、样品采集数量、不同测试指标需要采用的样品容器，列出清单，准备好需要的仪器及设备，备上冰袋及保温箱。同时对于可能出现的问题提出预案及做好准备。

9.7.4 实施

污染场地的监测流程包含采样准备、布点与样品数容量、样品采集、样品流转、样品制备、样品保存、土壤分析测定、分析记录与数据监测报告、土壤环境质量评价、质量保证和质量控制。

做好个人安全及防护工作，合理着装，准备好手套、口罩、帽子、墨镜等必备物品。按计划和分工实施监测，如现场发现问题，按预案或实际情况进行调整。需要现场固定的及时固定，所有样品带回实验室及时分析，进行平行样、空白样等实验室质量控制，分析、整理数据，计算、标准比对及讨论。

9.7.5 报告的编写

按照生态环境部的有关要求，编写一份完整的环境质量报告。

9.8 城市地表颗粒物监测方案

9.8.1 背景资料及监测任务

随着我国过去几十年城市化和工业化的快速发展，人为活动将大量污染物引入城市环境，其积累和分布逐渐对人类健康构成潜在威胁。地表颗粒物作为污染物的重要载体，严重危害城市人群健康和水体质量，已成为城市环境的重要研究对象。城市地表颗粒物中易积累交通、工业、家庭以及城市建设和拆除活动排放的重金属类污染物（如铜、铅、锌、镍、镉和铬等）。土地利用和人类活动都是导致城市地表颗粒物中重金属污染的重要原因。先前的研究表明，城市地表颗粒物中的重金属即使在低浓度下，也对城市生物种群具有明显的细胞毒性。其污染在我国的大城市已经具有普遍性，因此，识别和评估城市地表颗粒物污染区域的早期监测成为当务之急。

地表颗粒物中重金属污染水平可能受到城市功能组织的影响。目前已知在我国成都的功能区中，商业区灰尘中的铜、镉和铬浓度较高。而在美国的哥伦比亚，商业区的粉尘重金属浓度明显高于其他功能区。波兰的波兹南和华沙高密度居民区的灰尘样本中重金属含量较高。北京作为我国的首都，是我国的政治中心、文化中心、国际交往中心、科技创新中心。然而，高人口密度、快速流动、城市化和工业化等现象给北京的生态环境发展带来了巨大挑战。考虑到地表颗粒物粉尘中重金属对人体健康、城市环境、国际效应造成的不利影响，深入探索其在北京城市中的污染来源、污染分布和污染水平具有重要意义。

9.8.2　组织和分工

采集地表颗粒物之前，需要对采样点附近重金属的赋存情况进行分析与评估，保证颗粒物采集过程在雨前干燥期进行。提前安排好人员分组、分工，协调采样，保证在短期内完成不同采样点的样品采集工作，相互协调，通力合作。

9.8.3　监测方案的制定

（1）现场初步调查

确定调查范围，选取合适的采样区域，根据重金属赋存情况选取合适的采样点，并用 GPS 进行定位标记，同时对采样点周边车流量、人口密集程度、干期积累天数、温度湿度气压等进行简要整理和记录。

（2）现场地表颗粒物收集

提前准备好笤帚、鬃毛刷、吸尘器等颗粒物收集工具，收集约 500 g 地表颗粒物的汇集样本，在每次采样前用酸和去离子水洗涤。将清扫好的颗粒物放入塑封袋中密闭保存，同时尽快将采集好的样品放到冰箱中低温保存。

（3）采样点确定

提前确定采样区域，将确定好的采样点的数量及位置在图上标出，并根据之前的分组分工，进行样品采集。

（4）制定监测方案

根据《土壤环境监测技术规范》（HJ/T 166—2004）检测颗粒物中重金属（铜、

铅、锌、镍、镉和铬）的含量。

（5）采样仪器、设备的清单及准备

根据确定的监测项目、样品采集数量、不同测试指标需要采用的样品容器，列出清单，准备好需要的仪器及设备，备上冰袋及保温箱。同时对于可能出现的问题提出预案及做好准备。

9.8.4 实施

做好个人安全及防护工作，合理着装，准备好地表颗粒物采样工具、塑料密封袋等必备物品。按计划和分工实施监测，如现场发现问题，按预案或实际情况进行调整。需要现场固定的及时固定，所有样品带回实验室及时分析，进行平行样、空白样等实验室质量控制，分析、整理数据，计算、标准比对及讨论。

9.8.5 报告的编写

按照生态环境部的有关要求，编写一份完整的地表颗粒物重金属监测报告。

附　录

附录 1　生活饮用水卫生标准

《生活饮用水卫生标准》（GB 5749—2022）对水质常规指标及限值做出了规定，见附表 1。

附表 1　生活饮用水水质常规指标及限值

指　　标		限　值
1. 微生物指标①	总大肠菌群/（MPN/100 mL 或 CFU/100 mL）[a]	不应检出
	大肠埃希氏菌/（MPN/100 mL 或 CFU/100 mL）[a]	不应检出
	菌落总数/（MPN/mL 或 CFU/mL）	100
2. 毒理指标	砷/（mg/L）	0.01
	镉/（mg/L）	0.005
	铬（六价）/（mg/L）	0.05
	铅/（mg/L）	0.01
	汞/（mg/L）	0.001
	氰化物/（mg/L）	0.05
	氟化物/（mg/L）[b]	1.0
	硝酸盐（以 N 计）/（mg/L）[b]	10
	三氯甲烷/（mg/L）[c]	0.06
	一氯二溴甲烷/（mg/L）[c]	0.1
	二氯一溴甲烷/（mg/L）[c]	0.06
	三溴甲烷/（mg/L）[c]	0.1
	三卤甲烷（三氯甲烷、一氯二溴甲烷、二氯一溴甲烷、三溴甲烷的总和）[c]	该类化合物中各化合物的实测浓度与其各自限值的比值之和不超过 1
	二氯乙酸/（mg/L）[c]	0.05

指　　标		限　值
2. 毒理指标	三氯乙酸/（mg/L）[c]	0.1
	溴酸盐/（mg/L）[c]	0.01
	亚氯酸盐/（mg/L）[c]	0.7
	氯酸盐/（mg/L）[c]	0.7
3. 感官性状和一般化学指标[d]	色度（铂钴色度单位）/度	15
	浑浊度（散射浑浊度单位）/NTU[b]	1
	臭和味	无异臭、异味
	肉眼可见物	无
	pH	不小于6.5且不大于8.5
	铝/（mg/L）	0.2
	铁/（mg/L）	0.3
	锰/（mg/L）	0.1
	铜/（mg/L）	1.0
	锌/（mg/L）	1.0
	氯化物/（mg/L）	250
	硫酸盐/（mg/L）	250
	溶解性总固体/（mg/L）	1 000
	总硬度（以 $CaCO_3$ 计）/（mg/L）	450
	高锰酸盐指数（以 O_2 计）/（mg/L）	3
	氨（以N计）/（mg/L）	0.5
4. 放射性指标[e]	总α放射性/（Bq/L）	0.5（指导值）
	总β放射性/（Bq/L）	1（指导值）

注：[a] MPN表示最可能数；CFU表示菌落形成单位。当水样检出总大肠菌群时，应进一步检验大肠埃希氏菌；当水样未检出总大肠菌群时，不必检验大肠埃希氏菌。

[b] 小型集中式供水和分散式供水因水源与净水技术受限时，菌落总数指标限值按500 MPN/mL或500 CFU/mL执行，氟化物指标限值按1.2 mg/L执行，硝酸盐（以N计）指标限值按20 mg/L执行，浑浊度指标限值按3 NTU执行。

[c] 水处理工艺流程中预氧化或消毒方式：

—采用液氯、次氯酸钙及氯胺时，应测定三氯甲烷、一氯二溴甲烷、二氯一溴甲烷、三溴甲烷、三卤甲烷、二乙酸、三氯乙酸；

—采用次氯酸钠时，应测定三氯甲烷、一氯二溴甲烷、二氯一溴甲烷、三溴甲烷、三卤甲烷、二氯乙酸、三氯乙酸、氯酸盐；

—采用臭氧时，应测定溴酸盐；

—采用二氧化氯时，应测定亚氯酸盐；

—采用二氧化氯与氯混合消毒剂发生器时，应测定亚氯酸盐、氯酸盐、三氯甲烷、一氯二溴甲烷、二氯一溴甲烷、三溴甲烷、三卤甲烷、二氯乙酸、三氯乙酸；

—当原水中含有上述污染物，可能导致出厂水和末梢水的超标风险时，无论采用何种预氧化或消毒方式，都应对其进行测定。

[d] 当发生影响水质的突发公共事件时，经风险评估，感官性状和一般化学指标可暂时适当放宽。

[e] 放射性指标超过指导值（总β放射性扣除 ^{40}K 后仍然大于1 Bq/L），应进行核素分析和评价，判定能否饮用。

附录 2 地表水环境质量标准

《地表水环境质量标准》（GB 3838—2002）对基本项目标准限值做出了规定，见附表 2。

附表 2 地表水环境质量标准基本项目标准限值 单位：mg/L

序号	项目＼标准值		分类				
			Ⅰ类	Ⅱ类	Ⅲ类	Ⅳ类	Ⅴ类
1	水温/℃		人为造成的环境水温变化应限制在： 周平均最大温升≤1 周平均最大温降≤2				
2	pH（量纲一）		6～9				
3	溶解氧	≥	饱和率 90%（或 7.5）	6	5	3	2
4	高锰酸盐指数	≤	2	4	6	10	15
5	化学需氧量（COD）	≤	15	15	20	30	40
6	五日生化需氧量（BOD_5）	≤	3	3	4	6	10
7	氨氮（NH_3-N）	≤	0.15	0.5	1.0	1.5	2.0
8	总磷（以 P 计）	≤	0.02（湖、库 0.01）	0.1（湖、库 0.025）	0.2（湖、库 0.05）	0.3（湖、库 0.1）	0.4（湖、库 0.2）
9	总氮（湖、库，以 N 计）	≤	0.2	0.5	1.0	1.5	2.0
10	铜	≤	0.01	1.0	1.0	1.0	1.0
11	锌	≤	0.05	1.0	1.0	2.0	2.0
12	氟化物（以 F^- 计）	≤	1.0	1.0	1.0	1.5	1.5
13	硒	≤	0.01	0.01	0.01	0.02	0.02
14	砷	≤	0.05	0.05	0.05	0.1	0.1
15	汞	≤	0.000 05	0.000 05	0.000 1	0.001	0.001
16	镉	≤	0.001	0.005	0.005	0.005	0.01
17	铬（六价）	≤	0.01	0.05	0.05	0.05	0.1
18	铅	≤	0.01	0.01	0.05	0.05	0.1

序号	项目 \ 标准值		分类				
			Ⅰ类	Ⅱ类	Ⅲ类	Ⅳ类	Ⅴ类
19	氰化物	≤	0.005	0.05	0.02	0.2	0.2
20	挥发酚	≤	0.002	0.002	0.005	0.01	0.1
21	石油类	≤	0.05	0.05	0.05	0.5	1.0
22	阴离子表面活性剂	≤	0.2	0.2	0.2	0.3	0.3
23	硫化物	≤	0.05	0.1	0.2	0.5	1.0
24	粪大肠菌群/（个/L）	≤	200	2 000	10 000	20 000	40 000

附录 3 城镇污水处理厂污染物排放标准

《城镇污水处理厂污染物排放标准》（GB 18918—2002）对基本控制项目最高允许排放浓度做出了规定，见附表 3。

附表 3 基本控制项目最高允许排放浓度（日均值） 单位：mg/L

<table>
<tr><th rowspan="2">序号</th><th rowspan="2" colspan="2">基本控制项目</th><th colspan="2">一级标准</th><th rowspan="2">二级标准</th><th rowspan="2">三级标准</th></tr>
<tr><th>A 标准</th><th>B 标准</th></tr>
<tr><td>1</td><td colspan="2">化学需氧量（COD）</td><td>50</td><td>60</td><td>100</td><td>120①</td></tr>
<tr><td>2</td><td colspan="2">生化需氧量（BOD）</td><td>10</td><td>20</td><td>30</td><td>60①</td></tr>
<tr><td>3</td><td colspan="2">悬浮物（SS）</td><td>10</td><td>20</td><td>30</td><td>50</td></tr>
<tr><td>4</td><td colspan="2">动植物油</td><td>1</td><td>3</td><td>5</td><td>20</td></tr>
<tr><td>5</td><td colspan="2">石油类</td><td>1</td><td>3</td><td>5</td><td>15</td></tr>
<tr><td>6</td><td colspan="2">阴离子表面活性剂</td><td>0.5</td><td>1</td><td>2</td><td>5</td></tr>
<tr><td>7</td><td colspan="2">总氮（以 N 计）</td><td>15</td><td>20</td><td>—</td><td>—</td></tr>
<tr><td>8</td><td colspan="2">氨氮（以 N 计）②</td><td>5（8）</td><td>8（15）</td><td>25（30）</td><td>—</td></tr>
<tr><td rowspan="2">9</td><td rowspan="2">总磷（以 P 计）</td><td>2005 年 12 月 31 日前建设的</td><td>1</td><td>1.5</td><td>3</td><td>5</td></tr>
<tr><td>2006 年 1 月 1 日起建设的</td><td>0.5</td><td>1</td><td>3</td><td>5</td></tr>
<tr><td>10</td><td colspan="2">色度（稀释倍数）</td><td>30</td><td>30</td><td>40</td><td>40</td></tr>
<tr><td>11</td><td colspan="2">pH</td><td colspan="4">6～9</td></tr>
<tr><td>12</td><td colspan="2">粪大肠菌落数/（个/L）</td><td>10^3</td><td>10^4</td><td>10^4</td><td>—</td></tr>
</table>

注：①下列情况下按去除率指标执行：当进水 COD 大于 350 mg/L 时，去除率应大于 60%；当 BOD 大于 160 mg/L 时，去除率应大于 50%。

②括号外数值为水温＞12℃时的控制指标，括号内数值为水温≤12℃时的控制指标。

附录 4　环境空气质量标准

根据《环境空气质量标准》（GB 3095—2012）：

（1）环境空气功能区分类

环境空气功能区分为二类：一类区为自然保护区、风景名胜区和其他需要特殊保护的区域；二类区为居住区、商业交通居民混合区、文化区、工业区和农村地区。

（2）环境空气功能区质量要求

一类区适用一级浓度限值，二类区适用二级浓度限值。一类、二类环境空气功能区质量要求见附表 4 和附表 5。

附表 4　环境空气污染物基本项目浓度限值　　单位：μg/m^3

序号	污染物项目	平行时间	浓度限值	
			一级	二级
1	二氧化硫（SO_2）	年平均	20	60
		24 小时平均	50	150
		1 小时平均	150	500
2	二氧化氮（NO_2）	年平均	40	40
		24 小时平均	80	80
		1 小时平均	200	200
3	一氧化碳（CO）/（mg/m^3）	24 小时平均	4	4
		1 小时平均	10	10
4	臭氧（O_3）	日最大 8 小时平均	100	160
		1 小时平均	160	200
5	颗粒物（粒径小于等于 10 μm）	年平均	40	70
		24 小时平均	50	150
6	颗粒物（粒径小于等于 2.5 μm）	年平均	15	35
		24 小时平均	35	75

附表 5 环境空气污染物其他项目浓度限值 单位：$\mu g/m^3$

序号	污染物项目	平均时间	浓度限值	
			一级	二级
1	总悬浮颗粒物（TSP）	年平均	80	200
		24 小时平均	120	300
2	氮氧化物（NO_2）	年平均	50	50
		24 小时平均	100	100
		1 小时平均	250	250
3	铅（Pb）	年平均	0.5	0.5
		季平均	1	1
4	苯并［*a*］芘（BaP）	年平均	0.001	0.001
		24 小时平均	0.002 5	0.002 5

GB 3095—2012 自 2016 年 1 月 1 日起在全国实施。基本项目（附表 4）在全国范围内实施；其他项目（附表 5）由国务院生态环境主管部门或者省级人民政府根据实际情况，确定具体实施方式。

附录 5　室内空气质量标准

《室内空气质量标准》（GB/T 18883—2002）对室内空气质量标准做出了规定，见附表 6。

附表 6　室内空气质量标准

序号	参数类别	参数	单位	标准值	备注
1	物理性	温度	℃	22～28	夏季空调
				16～24	冬季采暖
2		相对湿度	%	40～80	夏季空调
				30～60	冬季采暖
3		空气流速	m/s	0.3	夏季空调
				0.2	冬季采暖
4		新风量	m^3/（h·人）	30[a]	
5	化学性	二氧化硫（SO_2）	mg/m^3	0.50	1 h 均值
6		二氧化氮（NO_2）	mg/m^3	0.24	1 h 均值
7		一氧化碳（CO）	mg/m^3	10	1 h 均值
8		二氧化碳（CO_2）	%	0.10	1 h 均值
9		氨（NH_3）	mg/m^3	0.20	1 h 均值
10		臭氧（O_3）	mg/m^3	0.16	1 h 均值
11		甲醛（HCHO）	mg/m^3	0.10	1 h 均值
12		苯（C_6H_6）	mg/m^3	0.11	1 h 均值
13		甲苯（C_7H_8）	mg/m^3	0.20	1 h 均值
14		二甲苯（C_8H_{10}）	mg/m^3	0.20	1 h 均值
15		苯并［*a*］芘（BaP）	ng/m^3	1.0	1 h 均值
16		可吸入颗粒物（PM_{10}）	mg/m^3	0.15	1 h 均值
17		总发挥性有机物（TVOC）	mg/m^3	0.60	8 h 均值
18	生物性	菌落总数	cfu/m^3	2 500	依据仪器定[b]
19	放射性	氡 ^{222}Rn	Bq/m^3	400	年平均值（行动水平[c]）

注：[a] 新风量要求不小于标准值，除温度、相对湿度外的其他参数要求不大于标准值；

[b] 见标准原文附录 D；

[c] 行动水平即达到此水平建议采取干预行动以降低室内氡浓度。

附录6 声环境质量标准

（1）声环境功能区分类

根据《声环境质量标准》（GB 3096—2008）：

“按区域的使用功能特点和环境质量要求，声环境功能区分为以下五种类型：

0 类声环境功能区：指康复疗养区等特别需要安静的区域。

1 类声环境功能区：指以居民住宅、医疗卫生、文化教育、科研设计、行政办公为主要功能，需要保持安静的区域。

2 类声环境功能区：指以商业金融、集市贸易为主要功能，或者居住、商业、工业混杂，需要维护住宅安静的区域。

3 类声环境功能区：指以工业生产、仓储物流为主要功能，需要防止工业噪声对周围环境产生严重影响的区域。

4 类声环境功能区：指交通干线两侧一定距离之内，需要防止交通噪声对周围环境产生严重影响的区域，包括 4a 类和 4b 类两种类型。4a 类为高速公路、一级公路、二级公路、城市快速路、城市主干路、城市次干路、城市轨道交通（地面段）、内河航道两侧区域；4b 类为铁路干线两侧区域。”

（2）环境噪声限值

①根据《声环境质量标准》（GB 3096—2008），各类声环境功能区适用附表 7 规定的环境噪声等效声级限值。

附表 7 各类声环境功能区环境噪声限值 单位：dB（A）

<table>
<tr><th colspan="2" rowspan="2">声环境功能区类别</th><th colspan="2">时段</th></tr>
<tr><th>昼间</th><th>夜间</th></tr>
<tr><td colspan="2">0 类</td><td>50</td><td>40</td></tr>
<tr><td colspan="2">1 类</td><td>55</td><td>45</td></tr>
<tr><td colspan="2">2 类</td><td>60</td><td>50</td></tr>
<tr><td colspan="2">3 类</td><td>65</td><td>55</td></tr>
<tr><td rowspan="2">4 类</td><td>4a</td><td>70</td><td>55</td></tr>
<tr><td>4b</td><td>70</td><td>60</td></tr>
</table>

②根据《环境噪声监测技术规范　城市声环境常规监测》（HJ 640—2012），道路交通噪声平均值的强度级别按附表 8 进行评价。

附表 8　道路交通噪声强度等级划分　　单位：dB（A）

等级	一级	二级	三级	四级	五级
昼间平均等效声级（$\overline{L_d}$）	≤68.0	68.1～70.0	70.1～72.0	72.1～74.0	＞74.0
夜间平均等效声级（$\overline{L_n}$）	≤58.0	58.1～60.0	60.1～62.0	62.1～64.0	＞64.0

注：道路交通噪声强度等级“一级”至“五级”可分别对应评价为“好”“较好”“一般”“较差”和“差”。

③根据《工业企业厂界环境噪声排放标准》（GB 12348—2008），工业企业厂界环境噪声不得超过附表 9 规定的排放限值。

附表 9　工业企业厂界环境噪声排放限值　　单位：dB（A）

厂界外声环境功能区类别	时段	
	昼间	夜间
0	50	40
1	55	45
2	60	50
3	65	55
4	70	55

注：夜间频发噪声的最大声级超过限值的幅度不得高于 10 dB（A）；
夜间偶发噪声的最大声级超过限值的幅度不得高于 15 dB（A）。

④当固定设备排放的噪声通过建筑物结构传播至噪声敏感建筑物室内时，噪声敏感建筑物室内等效声级不得超过附表 10 规定的排放限值。

附表 10　结构传播固定设备室内噪声排放限值（等效声级）　　单位：dB（A）

噪声敏感建筑物所处声环境功能区类别	A 类房间		B 类房间	
	昼间	夜间	昼间	夜间
0	40	30	40	30
1	40	30	45	35
2、3、4	45	35	50	40

注：A 类房间是指以睡眠为主要目的，需要保证夜间安静的房间，包括住宅卧室、医院病房、宾馆客房等。
B 类房间是指主要在昼间使用，需要保证思考与精神集中、正常讲话不被干扰的房间，包括学校教室、会议室、办公室、住宅中卧室以外的其他房间等。

附录 7 常用元素国际相对原子质量表

序数	元素名称	元素符号	相对原子质量	序数	元素名称	元素符号	相对原子质量	序数	元素名称	元素符号	相对原子质量
1	氢	H	1.008	30	锌	Zn	65.38（2）	59	镨	Pr	140.91
2	氦	He	4.002 6	31	镓	Ga	69.723	60	钕	Nd	144.24
3	锂	Li	6.94	32	锗	Ge	72.630（8）	61	钷	Pm	（145）
4	铍	Be	9.012 2	33	砷	As	74.922	62	钐	Sm	150.36（2）
5	硼	B	10.81	34	硒	Se	78.971（8）	63	铕	Eu	151.96
6	碳	C	12.011	35	溴	Br	79.904	64	钆	Gd	157.25
7	氮	N	14.007	36	氪	Kr	83.798（2）	65	铽	Tb	158.93
8	氧	O	15.999	37	铷	Rb	85.468	66	镝	Dy	162.50
9	氟	F	18.998	38	锶	Sr	87.62	67	钬	Ho	164.93
10	氖	Ne	20.180	39	钇	Y	88.906	68	铒	Er	167.26
11	钠	Na	22.990	40	锆	Zr	91.224（2）	69	铥	Tm	168.93
12	镁	Mg	24.305	41	铌	Nb	92.906	70	镱	Yb	173.05
13	铝	Al	26.982	42	钼	Mo	95.95	71	镥	Lu	174.97
14	硅	Si	28.085	43	锝	Tc	（98）	72	铪	Hf	178.49（2）
15	磷	P	30.974	44	钌	Ru	101.07（2）	73	钽	Ta	180.95
16	硫	S	32.06	45	铑	Rh	102.91	74	钨	W	183.84
17	氯	Cl	35.45	46	钯	Pd	106.42	75	铼	Re	186.21
18	氩	Ar	39.95	47	银	Ag	107.87	76	锇	Os	190.23（3）
19	钾	K	39.098	48	镉	Cd	112.41	77	铱	Ir	192.22
20	钙	Ca	40.078（4）	49	铟	In	114.82	78	铂	Pt	195.08
21	钪	Sc	44.956	50	锡	Sn	118.71	79	金	Au	196.97
22	钛	Ti	47.867	51	锑	Sb	121.76	80	汞	Hg	200.59
23	钒	V	50.942	52	碲	Te	127.60（3）	81	铊	Tl	204.38
24	铬	Cr	51.996	53	碘	I	126.90	82	铅	Pb	207.2
25	锰	Mn	54.938	54	氙	Xe	131.29	83	铋	Bi	208.98
26	铁	Fe	55.845（2）	55	铯	Cs	132.91	84	钋	Po	（209）
27	钴	Co	58.933	56	钡	Ba	137.33	85	砹	At	（210）
28	镍	Ni	58.693	57	镧	La	138.91	86	氡	Rn	（222）
29	铜	Cu	63.546（3）	58	铈	Ce	140.12	87	钫	Fr	（223）

序数	元素		相对原子质量	序数	元素		相对原子质量	序数	元素		相对原子质量
	名称	符号			名称	符号			名称	符号	
88	镭	Ra	（226）	96	锔	Cm	（247）	104	𬬻	Rf	（267）
89	锕	Ac	（227）	97	锫	Bk	（247）	105	𬭊	Db	（270）
90	钍	Th	232.04	98	锎	Cf	（251）	106	𬭳	Sg	（269）
91	镤	Pa	231.04	99	锿	Es	（252）	107	𬭛	Bh	（270）
92	铀	U	238.03	100	镄	Fm	（257）	108	𬭶	Hs	（270）
93	镎	Np	（237）	101	钔	Md	（258）	109	鿏	Mt	（278）
94	钚	Pu	（244）	102	锘	No	（259）	110	𫟼	Ds	（281）
95	镅	Am	（243）	103	铹	Lr	（262）	111	𬬭	Rg	（281）

注：①相对原子质量引自国际纯粹与应用化学联合会（IUPAC）的相对原子质量表（2018），删至5位有效数字，末位数的准确度加注在其后的括号内。

②表格中相对原子质量用“（ ）”括起来代表的是合成元素。

附录 8 实验室常用酸碱浓度

试剂名称	密度/（g/mL）	质量分数/%	物质的量浓度/（mol/L）
浓硫酸	1.84	98	18
稀硫酸	1.1	9	2
浓盐酸	1.19	38	12
稀盐酸	1.0	7	2
浓硝酸	1.4	68	16
稀硝酸	1.2	32	6
稀硝酸	1.1	12	2
浓磷酸	1.7	85	14.7
稀磷酸	1.05	9	1
浓高氯酸	1.67	70	11.6
稀高氯酸	1.12	19	2
浓氢氟酸	1.13	40	23
氢溴酸	1.38	40	7
氢碘酸	1.70	57	7.5
冰醋酸	1.05	99	17.5
浓醋酸	1.04	30	5
稀醋酸	1.0	12	2
浓氢氧化钠	1.44	41	14.4
稀氢氧化钠	1.1	8	2
浓氨水	0.91	28	14.8
稀氨水	1.0	3.5	2
饱和氢氧化钡溶液	—	0.1	2
饱和氢氧化钙溶液	—	—	0.15

附录 9 实验室常用缓冲溶液的配制

缓冲溶液组成	pK_a	缓冲溶液 pH	缓冲溶液配制方法
氨基乙酸-HCl	2.35（pK_{a1}）	2.3	取 150 g 氨基乙酸溶于 500 mL 水中后，加 80 mL 浓 HCl，用水稀释至 1 L
柠檬酸-$NaHPO_4$		2.5	取 113 g $NaHPO_4 \cdot 12H_2O$ 溶于 200 mL 水后，加 387 g 柠檬酸，溶解，过滤，用水稀释至 1 L
一氯乙酸-NaOH	2.86	2.8	取 200 g 一氯乙酸溶于 200 mL 水中，加 40 g NaOH 溶解后，用水稀释至 1 L
邻苯二甲酸氢钾-HCl	2.95（pK_{a1}）	2.9	取 500 g 邻苯二甲酸氢钾溶于 500 mL 水中，加 80 mL 浓 HCl，用水稀释至 1 L
甲酸-NaOH	3.76	3.7	取 95 g 甲酸和 40 g NaOH 溶于 500 mL 水中，用水稀释至 1 L
HAc-NaAc	4.74	4.2	取 3.2 g 无水 NaAc 溶于水中，加 50 mL 冰 HAc，用水稀释至 1 L
HAc-NH_4Ac		4.5	取 77 g NH_4Ac 溶于 200 mL 水中，加 59 mL 冰 HAc，用水稀释至 1 L
HAc-NaAc	4.74	4.7	取 83 g 无水 NaAc 溶于水中，加 60 mL 冰 HAc，用水稀释至 1 L
HAc-NaAc	4.74	5.0	取 160 g 无水 NaAc 溶于水中，加 60 mL 冰 HAc，用水稀释至 1 L
HAc-NH_4Ac		5.0	取 250 g NH_4Ac 溶于水中，加 25 mL 冰 HAc，用水稀释至 1 L
六次甲基四胺-HCl	5.15	5.4	取 40 g 六次甲基四胺溶于 200 mL 水中，加 10 mL 浓 HCl，用水稀释至 1 L
HAc-NH_4Ac		6.0	取 600 g NH_4Ac 溶于水中，加 20 mL 冰 HAc，用水稀释至 1 L
NaAc-Na_2HPO_4		8.0	取 50 g 无水 NaAc 和 50 g $NaHPO_4 \cdot 12H_2O$ 溶于水中，用水稀释至 1 L
Tris-HCl（注）	8.21	8.2	取 25 g 三羟甲基氨基甲烷（Tris）试剂溶于水中，加 18 mL 浓 HCl，用水稀释至 1 L
NH_3-NH_4Cl	9.26	9.2	取 54 g NH_4Cl 溶于水中，加 63 mL 浓氨水，用水稀释至 1 L

缓冲溶液组成	pK_a	缓冲溶液 pH	缓冲溶液配制方法
NH_3-NH_4Cl	9.26	9.5	取 54 g NH_4Cl 溶于水中，加 126 mL 浓氨水，用水稀释至 1 L
NH_3-NH_4Cl	9.26	10.0	①取 54 g NH_4Cl 溶于水中，加 350 mL 浓氨水，用水稀释至 1 L； ②取 67.5 g NH_4Cl 溶于 200 mL 水中，加 570 mL 浓氨水，用水稀释至 1 L

参考文献

[1] 国家环境保护总局，《水和废水监测分析方法》编委会. 水和废水监测分析方法. 第 4 版. 北京：中国环境科学出版社，2002.

[2] 奚旦立，王晓辉，康天放，等. 环境监测. 第 5 版. 北京：高等教育出版社，2019.

[3] 国家环境保护局. 环境空气　总悬浮颗粒物的测定　重量法（GB/T 15432—1995）. 北京：中国环境科学出版社，1995.

[4] 环境保护部. 环境空气　PM_{10}和$PM_{2.5}$的测定　重量法（HJ 618—2011）. 北京：中国环境科学出版社，2011.

[5] 环境保护部. 环境空气质量标准（GB 3095—2012）. 北京：中国环境科学出版社，2012.

[6] 环境保护部. 声环境质量标准（GB 3096—2008）. 北京：中国环境科学出版社，2008.

[7] 环境保护部. 环境噪声监测技术规范城市声环境常规监测（HJ 640—2012）. 北京：中国环境科学出版社，2012.

[8] 环境保护部，国家质量监督检验检疫总局. 工业企业厂界环境噪声排放标准（GB 12348—2008）. 北京：中国环境科学出版社，2008.

[9] 迟杰，齐云，鲁逸人. 环境化学实验. 天津：天津大学出版社，2010.

[10] 姚思童，张进. 基础化学实验. 北京：化学工业出版社，2013.

[11] 钟国清. 无机及分析化学实验. 北京：科学出版社，2011.

[12] 但德忠. 环境监测. 北京：高等教育出版社，2011.